全国高职高专教育土建类专业教学指导委员会规划推荐教材

现代木结构建筑施工

（土建类专业适用）

高职土建施工类专业分指导委员会
加 拿 大 木 业 协 会　组织编写

U0300559

中国建筑工业出版社

图书在版编目（CIP）数据

现代木结构建筑施工/高职土建施工类专业分指导
委员会编. —北京：中国建筑工业出版社，2015.5
全国高职高专教育土建类专业教学指导委员会规划
推荐教材
ISBN 978-7-112-18060-8

Ⅰ. ①现…　Ⅱ. ①高…　Ⅲ. ①木结构-建筑工
程-工程施工-高等职业教育-教材　Ⅳ. ①TU759

中国版本图书馆 CIP 数据核字（2015）第 084299 号

本教材主要讲解现代木结构建筑施工技术，融入了木结构建筑文化、工作程序、组织策划、结构和构件体系概念等内容，并符合国内标准、规范的要求。本教材适用于土建施工类及其他相关专业的现代木结构课程教学，也可以作为现代木结构建筑技术培训教材及有关技术人员的参考用书。

如需课件请发邮件至 liyang@cabp.com.cn。

＊　　＊　　＊

责任编辑：朱首明　李　阳
责任校对：李欣慰　关　健

全国高职高专教育土建类专业教学指导委员会规划推荐教材
现代木结构建筑施工
（土建类专业适用）
高职土建施工类专业分指导委员会
加 拿 大 木 业 协 会　组织编写
＊
中国建筑工业出版社出版、发行（北京西郊百万庄）
各地新华书店、建筑书店经销
北京红光制版公司制版
廊坊市海涛印刷有限公司印刷
＊
开本：787×1092毫米　1/16　印张：10　字数：231千字
2015年6月第一版　　2015年6月第一次印刷
定价：**26.00**元（赠课件）
ISBN 978-7-112-18060-8
（27218）

前　言

　　《现代木结构建筑施工》是由加拿大木业协会和全国高职高专土建类专业教学指导委员会土建施工类专业分委员会共同策划、由加拿大木业协会提供教材文稿，高职土建施工类专业分委员会有关专家和高职院校教师结合我国建设类职业院校人才培养特色、专业及岗位需求、国家有关标准规范以及专业术语的定义，对教材内容进行了规范、扩充、调整和审核。本教材适用于建设类职业院校土建施工类及其他相关专业的现代木结构课程教学，也可以作为现代木结构建筑技术培训教材及有关技术人员的参考用书。

　　中国木结构建筑应用历史悠久，积淀了丰厚的技术和艺术财富，为世界建筑的发展作出了不可替代的贡献。长期以来，现代木结构建筑在欧美国家普遍应用，加拿大在其中处于领先地位，建造技术、材料处理、构件加工能力、设备配置和防灾性能日益成熟，舒适程度不断提高，应用领域逐步扩大。现代木结构建筑已经成为世界建筑大家庭不可或缺的组成部分，并为绿色、低碳、环保、可持续建筑技术的发展作出了积极的探索和突出的贡献。

　　在职业院校土建类专业引入现代木结构技术，既是我国住房和城乡建设部与加拿大联邦政府自然资源部及加拿大卑诗省政府签订的《关于采用现代木结构建筑技术应对气候变化的谅解备忘录》中合作内容的组成部分，也是"中国现代木结构建筑技术项目"联合工作小组近年来十分关注、大力推进的核心工作之一。本教材的编写可以为推进现代木结构技术课程的开展提供可信的教学辅助工具，并为专业建设和课程建设提供教学资源。在职业院校土建类专业学生中开展现代木结构技术的培训，在课程体系中增加现代木结构技术的课程，可以在三个方面有所收获：一是为企业培养适应木结构建筑设计、施工和构件制作需要的基层技术、管理和操作人员，更好地为行业、企业服务；二是通过现代木结构培训与课程的载体，开阔眼界，更新观念、直观地学习和借鉴加拿大木结构技术培训及职业课程的理念、模式和方法，有利于培养一支适应我国职业教育发展需要的"双师素质"教师团队；三是充分发挥木结构建筑构件之间功能分工明确、传承体系完善、力学性能清晰的特点，有利于学生及早建立关于结构的体系概念，养成专业学习和从事工作所必需的工程技术素养。

　　本教材以实用的现代木结构建筑施工技术为主要内容，融入了木结构建筑文化、工作程序和组织策划、结构和构件体系概念的内容。内容精炼、重点突出；文字简洁、明确；图片数量多且作用明确；既突出了建筑施工实施方法的核心地位，又具有较好的工具色彩。为了方便学生自学，本教材在每个单元之后均附有复习题。

本教材主要介绍了加拿大现代轻型木结构建筑主体施工的相关内容，随着院校教学和培训的进展，将在今后的修订、再版过程中适时增加防水、装饰、围护结构施工的内容。

本教材由加拿大亚岗昆（Algonquin）大学土木工程专业教授 Michael Nauth 先生和加拿大木业协会市场发展总监梁超女士编写，加拿大木业协会技术专家 Kerry Haggkvist 先生进行了审核。为了使本教材能够与我国有关标准规范要求相互协调，使教材的内容更加适应我国职业院校土建类专业的培训与教学的需求，有关专业术语和指标容易为师生领会。按照事先制定的工作计划，高职土建施工类专业分委员会组织有关专家和高职院校教师：赵研教授、颜晓荣研究员级高级工程师、张琨副教授、侯洪涛教授、齐小燕高级工程师对加方提供的教材文本进行了规范、扩充、调整和审核。加拿大木业协会有关人士承担了教材的翻译工作。

本教材在中文版加工过程中得到了有关院校、企业及参与者所在单位的积极指导和大力支持，承担本书编辑及制作的同志也付出了辛苦的劳动，在此一并致谢。

由于编者队伍的特殊性，加之翻译过程中可能存在信息传递方面的偏差，书中难免有错误和缺陷，希望使用本书的师生及其他读者批评指正，以便适时修改。

目 录

教学单元1

概　述

轻型木结构房屋是主要由木构架墙体、木楼盖和木屋盖构成的结构体系，该结构体系由不同的木产品建造而成，承担并传递作用于结构上的各类荷载。这些木产品主要包括那些用来建造结构框架的规格材（实心木）或工程木产品（再造木），以及用来覆盖在框架上作为覆面板之用的板材（如胶合板或定向刨花板）。所有作为结构用的木产品都必须经过认证。

1.1　轻型木结构建筑的特点

1. 结构体系完整、性能可靠

（1）结构

轻型木结构墙体既可以将竖向荷载传递至地基，也具有抵抗风和地震等水平荷载的能力。另外屋盖、墙体和楼盖，以及所有构件之间的连接，都能够承受和传递竖向和水平荷载。

（2）强度

由于构件的共同作用和复合作用性能突出，所以轻型木结构具有相当高的强度和刚度。当荷载增加时，轻型木结构构件的共同作用为荷载的传递提供了多种途径。构件的复合作用是指当覆面板和木框架连接在一起时，两者能共同承受和传递作用于结构上的荷载。轻型木结构中木质材料受力时表现出一定的柔性，加之材料自重轻，故有很好的抗震性能。为墙体和屋盖提供刚度的覆面板也可作为建筑物的围护结构，用来围护建筑物结构本身。在覆面板上可安装外装修材料，其可帮助形成气密系统，以防止空气泄漏并提高节能水平。

（3）保温和装修

木结构框架不仅为保温材料的填充提供了空间，节能效果好，也为在其表面铺设气密层、防潮层及内装修材料提供了牢固的平面。保温材料在空腔中具有双重功能：防止空气泄漏和保温节能，由此可大大降低建筑的能耗成本，同时提高舒适度。

2. 低碳节能

木材产品在生产过程中消耗的能量远低于混凝土和钢材，因此木结构建筑要比混凝土和钢结构建筑节约大量能源。这意味着对矿物能源消耗量的减少，也就意味着排入大气中，引起全球气候变暖的二氧化碳数量的减少。

正在生长的树木，也可以通过光合作用吸纳空气中的二氧化碳。轻型木结构房屋可以吸收大气中相当于自身质量（不包括水分）1.66 倍的二氧化碳。在这一过程中，树木释放氧气，吸收的碳转化为木材结构的一部分，占到了树木总质量的一半以上（不包括水分）。碳随木材产品存储下来，周期可能长达几个世纪。从全球来看，每年树木吸收大量二氧化碳，减缓了全球气候变暖和部分地区气候发生变化的速度，对保持良好的自然生态具有积极意义。

更重要的是，作为建筑材料，木材产品是唯一可再生的资源，在合理规划的基础上，木材的供应可以说是无限的。合理地开发利用木材资源，对林业的可持续发展，采伐后的后续工作（包括次生林开发和新林地的种植）均有积极意义。

3. 可预制

轻型木结构房屋可以在工厂或施工现场进行不同程度的预制加工，如：桁架、橱柜和楼梯等均可以在车间里完成。从整个建筑来讲，主体结构中的墙体、楼板及其他可以模块化生产的部分，均可在工厂化环境中生产装配，然后运到工地搭建、拼装（图1-1）。

图 1-1 预制木构件

4. 结构尺寸多样

不论独栋还是多户住宅，或者商用、公用建筑，如：学校、诊所、仓库、托儿所、体育场馆以及其他休闲娱乐用建筑，轻型木结构的造价均有竞争力（图1-2）。通过使

图 1-2 展览馆

用屋盖桁架和工程木产品而非规格材，还可建造跨度较大的建筑物。对中低人口密度地区，以及市郊、农村地区和小城镇，木结构建筑还可达到六层（加拿大规范标准），满足此类地区的住房需求（图1-3）。另外，也可以通过与混凝土结构相结合形成混合型结构，满足城市和市郊地区对中高密度建筑的需求。

图1-3　施工中的多层住宅

5. 适应性和耐久性强

轻型木结构房屋可以在各种环境下使用，其中包括：温度变化大的地带，多雪、多雨和多风的地区，具有高湿度、受地震影响和地形不平坦的地带。轻型木结构房屋可以有各种不同的内、外装修风格（图1-4），在高湿度和强风地区设计和施工也能保证应有的耐久性。木结构建筑优良的耐久性，是经受过几个世纪实践检验的。

图1-4　木结构独立住宅

6. 设计灵活

不论结构内外，轻型木结构的建筑和结构设计几乎可满足各种情况的要求。这种设计上的灵活性，在处理各种对建筑物外观上的要求时，更显优势（图1-5）。

图1-5 体育馆雨篷

7. 产品丰富

用于建造轻型木结构房屋的产品和建筑材料，一般都便于运输，即使位置偏远的施工现场，也可以方便地运送到，能就地加工，而且过程比较简单、快捷。由于木材的重量轻、结构紧凑，运输时可以节省空间和运力。

8. 木工作业

木结构产品质量较轻，在施工现场搬运方便，且只要覆盖上保护材料即可放置于室外储存。另外，作为建筑材料的木材也易于切割、紧固和连接。与传统建筑材料和结构相比，木材具有的弹性特点能在发生地震时更好地抵抗非线性荷载的冲击；当横梁、立柱或工程木产品等结构材料暴露在外，作为装饰材料的一部分时，其天然的装饰性也是极具特色（图1-6）。

9. 易改建

轻型木结构建筑材料和构件便于加工和装配，特别适合在施工过程中进行调整、改造。另外，轻型木结构构件的替换性能强，易于更新升级。往往只要很小的代价，就可大大提高其节能性能。

10. 成本优势

事实证明，在北美、日本和英国，轻型木结构房屋和其他建筑相比，是一种更为经济的建筑结构。国内最近研究表明，轻型木结构建筑在许多情况下都比混凝土建筑更有价格优势。而且，在木结构建筑

图1-6 外露木结构

生命周期里，能为使用者提供质量更高、性能更好、能耗更低的建筑产品。另外，运用正确的建造技术进行木结构施工，是降低成本的有效手段之一。

1.2 传统中国木结构建筑简介

中国是世界四大文明古国之一，地域辽阔、民族众多，各地区的气候水文、地形地貌等环境差异较大；民族文化传统和生活习惯也不尽相同。自古以来，中国大多数地域都采用木结构建筑，其应用领域涉及宫殿、坛庙、陵墓、官署和民居，与社会活动和人民生活结合紧密，为世界建筑技术与文化的发展作出了突出贡献。

1.2.1 历史悠久、应用广泛

中国应用木结构的历史十分久远，在浙江余姚河姆渡村发现的建筑遗址可以追溯到距今 6000～7000 年前，该建筑当时已经采用了榫卯结构，并应用了包括柱、梁、枋、板等木构件，初步具备了木结构建筑的基本要素和一定的技术水平。进入封建社会以后，中国的古建筑建造技术得到了迅猛的发展，功能更加完备、规模不断扩大、形式多种多样，艺术含量也不断提升，展示了极高的艺术及工程水平。

太和殿是北京故宫的核心建筑，是明清两代皇家举行大型政治、礼仪活动的场所。它面阔 11 间，进深 5 间，建筑面积 2377.00m²，高 26.92m，连同台基通高 35.05m，为紫禁城内规模最大的殿宇。其上为重檐庑殿顶，檐下施以密集的斗栱，室内外梁枋上饰以和玺彩画，是中国现存体量最大的古代木结构建筑（图 1-7）。

图 1-7 北京故宫太和殿

位于山西省应县城内西北佛宫寺内的佛宫寺释迦塔，又称应县木塔，建于辽代清宁二年（公元 1056 年），是中国现存最高、年代最久的一座木结构塔式建筑，也是中国现存唯一一座木结构楼阁式塔。木塔建造在 4m 高的石砌台基上，塔高 67.31m，底层直径 30.27m，呈平面八角形。整个木塔共用红松木料 3000m³，重约 2600 多 t。历经多次战乱及地震，至今仍完好无损（图 1-8）。

图 1-8　山西应县木塔

木结构还广泛应用于寺庙、民居、园林及商业建筑（图 1-9～图 1-12），形式多种多样。

图 1-9　寺庙

图 1-10　民居

图 1-11　园林建筑

图 1-12　商铺

1.2.2 体系完备、艺术含量高、使用舒适

中国古代木结构普遍采用榫卯结构，主要有穿斗式和抬梁式两种体系，在此基础上还产生了一些变体，在部分地区也有应用。

1. 穿斗式木结构

穿斗式木结构（图 1-13）采用木制穿枋把同一进深的柱子串联起来，形成一榀榀的骨架。檩条搁置在柱子的顶端，然后用沿檩条方向布置的斗枋把柱子串联起来 最终形成一个整体框架。这种结构形式所用木材断面较小，整体性强，显得比较轻巧，但柱子数量较多，而且排列较密，不易形成大的室内空间，多在南方地区用于民居等建筑。

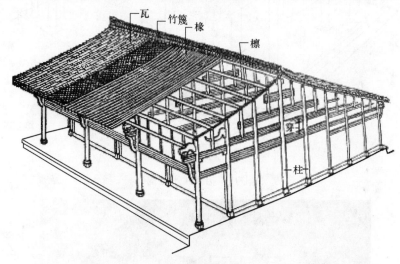

图 1-13 穿斗式木结构

2. 抬梁式木结构

抬梁式木结构（图 1-14）是在柱子上搁置梁头，梁上搁置檩条，然后再在其上搁置矮柱支起短一些的梁，如此逐层向上叠加。一般梁的数量可达 3～5 根。为了让屋檐向外悬挑，通常要设置斗栱（图 1-15），此时梁头就搁置在斗栱上。抬梁式木结构所用的木材断面较大，梁跨较大，能够形成宽敞的室内空间，多用于宫殿、寺庙等规模较大的建筑。

中国古代木结构建筑十分重视体系化，由北宋李诫编写的《营造法式》是中国第一部详细论述建筑工程做法的官方著作，本书对于古建筑研究，唐宋建筑的发展，考察宋及以后的建筑形制、工程装修做法、当时的施工组织管理等具有无可估量的作用。书中规范了各种建筑做法，详细规定了各种建筑施工设计、用料、结构、比例等方面的要求。

中国古代木结构建筑对空间的构成也非常考究，注意利用自然条件解决应用中的问题，图 1-16 是古代某木结构民居的通风屋顶，它利用热压透风的原理实现了调节温度的目的。

中国古建筑还在建筑细部处理方面有很深的造诣，通过彩画（图 1-17）、藻井（图 1-18）等对建筑重点部位进行美化，有些装饰做法既有装饰作用，又有构造功能（图 1-19）。

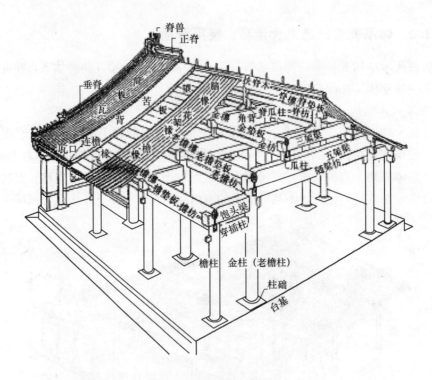

图 1-14　抬梁式木结构

图 1-15　斗栱

　　长期以来，受木材资源短缺及技术水平的限制，传统的木结构基本退出了中国的建筑市场，仅在某些地方的民居（图 1-20）、古建筑修复或仿制工程中应用（图 1-21）。

　　近年来，随着木材资源的逐渐恢复，木材深加工技术水平的不断提升，建造技术和设备的日益更新，绿色环保意识的不断增强，人们对木结构建筑的认识也有了新的变化。现代木结构建筑越来越多地出现在国内的建筑市场，并逐渐摆脱"高、大、上"的形象，与社会生活的结合更加紧密，必将成为我国建筑应用领域新的增长点。

图 1-16　通风屋顶

图 1-17　彩画

图 1-18　藻井

图 1-19　屋面檐口瓦的固定

图 1-20　藏族民居

图 1-21　仿古建筑施工

教学单元2

材　料

2.1 树 与 木 材

木结构建筑的结构构件材料主要为木材。木材是一种可再生资源，取自于全球森林中自然生长的树木，它易于采伐、切割、成型、储存及运输。然而木材有易于腐烂及可燃烧的特性，因此必须采取正确的措施对结构构件进行保护，以避免其受到过多水分和过高温度的影响，确保建筑的使用安全。

地球的绝大多数地区均生长有树木，因此木材的来源十分广泛，种类也多。不同的树种具有各自的特性，这些特性会因树种及树木生长地区的气候条件不同而有所区别。通过良好的培训，木结构建筑施工人员可以根据不同的建造任务挑选合适的树种材料，并借助适用的工具和施工手段来建造房屋。

2.1.1 树木的种类

广义上来讲，树木可分为两类：软木树与硬木树（图 2-1）。

(a)　　　　　　　　　(b)

图 2-1 树木
(a) 软木树；(b) 硬木树

1. 软木树：软木树的树叶在冬季不凋落，也称常青树。由于其树叶为针形，种子藏于球果中，因此也称作针叶树（图 2-2）。软木树大都生长在季节分明的凉爽气候地区。

2. 硬木树：硬木树的树叶为阔叶，叶子在冬季凋落，因此也称其为阔叶树。这类树木生长在全球大多数地区，只在极寒气候地区不生长。

2.1.2 锯材

锯材是指由砍伐后的树木切割加工而成的，具有特定截面尺寸与长度的木材。软木锯材取自于软木树，硬木锯材取自于硬木树。但是不可因其名字而一概而论，因为并不是所有软木锯材的质地都很柔软，也不是所有的硬木锯材质地都很坚硬，而且这两类树木都包含疏纹材和密纹材。例如：云杉是一种疏纹、质地柔软的软木；而美洲落叶松是一种密纹、质地坚硬的软木。同理，枫树是一种密纹、质地坚硬的硬木；而柳桉木是一种疏纹、质地柔软的硬木。

图 2-2 软木树的种子

2.1.3 原木

砍伐后的树木被切割到可操作的长度被称为原木，而原木可以再被切割成各种截面尺寸的锯材。锯材的质量会受到诸多因素的影响，例如生长在加拿大北部的柏树与生长在黎巴嫩的柏树相比，其锯材特性差别很大。此外，树龄也会影响材料的特性。表 2-1 是不同树种的特性。

不同树种的特性　　　　　　　　　　　　　　　　表 2-1

树种	颜色	纹理	硬度	强度	用途
云杉	奶油色/褐色	中密纹理	中	中	框架、胶合板
松树	奶油色/白色	细密纹理	软	低	木制品、线条
冷杉	黄色/棕色	粗疏纹理	中硬	高	框架、胶合板
柏树	深红色/棕色	中密纹理	软	低	阳台、花架
橡树	浅棕色	粗疏纹理	硬	高	地板、桌台
枫树	浅褐色	中密纹理	硬	高	家具、地板
柚木	蜂蜜色	中疏纹理	中	高	室外家具
胡桃木	深棕色	细疏纹理	中	高	室内家具
白杨	黄色/绿色	细密纹理	中软	中低	胶合木、定向刨花板
桃花心木	红棕色	细疏纹理	中	中	室内家具
柳桉木	浅棕色	中疏纹理	软	低	镶板、饰面

2.1.4 树木的生长

树木是由很长的中空细胞通过"木质素"粘合在一起组成的。树的根部在地面以下生长，树干在地面上竖向生长，由树枝支撑的树叶具有吸收阳光和雨水的功能。树干与树枝由坚硬的树皮保护，树皮下面为形成层，负责将水分与养分从根部输送到树叶；而树叶又将水分、养分与阳光通过光合作用结合生成可被植物吸收的物质，其中部分再通过形成层输送到树的根部，而另一部分则通过髓射线输送入树木的中部，即髓心。当人们从枫树上采集糖浆时，需要将一根金属管穿过树皮进入形成层，以使向树叶输送营养物（糖分）的路线发生转移。有时老鼠和兔子会绕树一圈咬透树皮和形成层，树木会因此被截断营养物和食物的输送，从而造成死亡。

图 2-3　树木的年轮可以显示边材的特征

随着树木的生长，髓细胞会逐渐变为颜色较深且硬度较高的心材，而树木每年都会随着季节变换而增加一层边材。边材的特征通过树木年轮即可看出（图 2-3），温带气候中生长的树木年轮的颜色要比热带气候中生长的树木年轮深，这是由于在热带气候中，树木不会在冬季"睡眠"。

树木在自然界的天敌之一为真菌，有时真菌对树木造成的破坏会大大降低木材的强度。而树皮和形成层则保护树木不受入侵物种的侵袭。有时真菌对树木造成的破坏会大大降低木材的强度。树皮和生长层保护树木不受入侵物种的侵袭。

2.2　木材的含水率、保管与切割

树木被砍伐后切割成一定长度的原木。将原木运到锯木厂，去皮后先切割成等厚但不等宽的板材，随后再切割成特定截面尺寸的板材，这些板材称为毛板。毛板被切割好之后，就需要通过视觉或激光对其分级。具体来说，就是根据材料的强度和外观进行等级区分。检验内容包括锯材表面的节疤（树枝）的数量与大小、变色位置、虫孔、腐朽以及其他缺陷情况。建筑结构用针叶木锯材的常规等级包括优选结构级（SS）、一级（NO.1）与二级（NO.2）。分级后的锯材应根据不同的截面尺寸与长度来进行堆放。

加拿大的每一家锯木厂都有其专属的标识编号。根据加拿大木材分等定级管理委员会（NLGA）的分级标准，由专门的定级管理机构对锯木厂加工的锯材进行分级（图 2-4）。锯材

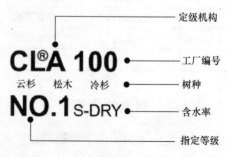

图 2-4　加拿大规格材的分级印章

可以用垫木或木条（9mm）隔开堆放，以使其自然风干（S-DRY）；或送入窑炉进行窑干（KD）。对毛板进行干燥处理可以减少真菌产生的可能性，同时减少干燥过程中出现的收缩或翘曲等问题。结构用锯材刨光到特定尺寸前，需要将其干燥处理到含水率（MC）19％或以下。

由于新伐木材的含水率往往较高，因此由新伐原木切割而成的锯材通常称为湿材。一片尺寸为50mm×50mm×3000mm的湿材所含水分可多达20L，故而湿材较重。如果直接用湿材做建筑材料，其会自行干燥到与周围空气相平衡的含水率状态。由于干燥过程中材料会出现收缩与变形，所以这将引起墙体内饰与吊顶表面开裂及其他问题。湿材中的水分还会助长真菌的生长，从而导致木材腐烂。因此工程中应用的木材其含水率必须要控制在允许的范围内。

2.2.1　木材的含水率

含水率是指木材中所含水分的百分比，比如一块2kg重的样品干燥后变为1.4kg，那么可以认为该样品中含有0.6kg的水分，通过计算可以得出其含水率为42.86％（0.6÷1.4×100％＝42.86％）。锯材中的含水率可以使用湿度计来测量，只需将湿度计的针头插入锯材，湿度计就会自动显示含水率数值（图2-5）。

2.2.2　木材的保管

图2-5　双探头湿度计

含水率为19％的锯材仍能够吸收水分。建筑用锯材在锯木厂时应先进行成捆打包并用防水油毡布盖好，再运送到堆木场。如果在运送到工地之前打开过油毡布，那么在工地时必须重新用防水油毡布盖好。锯材堆放时，应先以1.5m的间距放置垂直于锯材放置方向的垫木；堆放锯材时应用塑料布将木材与地面隔开，并保证离地面至少75mm的距离，以形成空气的流动从而保持锯材的干燥。另外保证堆放地面平整以免整件锯材因地面不平出现翻倒。

一旦工人拆开外包装开始搬运，锯材捆就会变得不再规整，因此每天施工结束后，必须重新将锯材堆放整齐，再用油毡布盖好。这样做的原因在于，如果堆放不平，锯材就会出现翘曲变形，失去其使用价值。

2.2.3　木材的切割

根据木材的切割方式，主要有旋切锯材和径切锯材两种。

1. 旋切锯材：大部分针叶木锯材是通过旋切的方式进行切割的。旋切原木可以最大限度地切割出矩形的横截面，其过程为：先将原木切割出固定厚度的宽板材，再切割成不同宽度的板材（图2-6）。这种方法是沿原木年轮的切线方向切割，每片锯材都尽可能贴近树皮处切割。旋切锯材的缺点是较易出现翘曲和收缩（图2-7），同时因年轮处于受压面，损耗也更多。由于是沿原木切线进行切割，旋切锯材的木纹称为旋切纹。

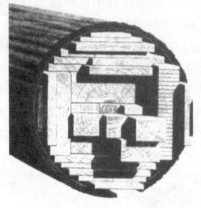

图2-6　大部分木材是沿
原木切线方向切割的

图2-7　旋切锯材比径切锯材更易翘曲

2. 径切锯材：原木还可以沿髓心向外散发的方向进行切割，称为径向切割，同时木纹称为径向纹。径切锯材不易翘曲或收缩，另外因年轮外沿为受压面，径切锯材更坚固。由于径切锯材的耐久性和稳定性更高，因此实木地板通常由径切木制作，径切木材的木纹称为旋切纹。

3. 锯材尺寸：在北美地区，锯木厂出产的锯材尺寸为名义尺寸，即接近英寸整数的尺寸。例如一片2×4的锯材，其名义尺寸为2in×4in，但经过刨光后实际尺寸变为1.5in×3.5in，对应的公制尺寸为38mm×89mm，而相应针叶木锯材可以分为三大类：第一类是木板，最大厚度可达到2in（51mm）；第二类是规格材，厚度在2～4in；第三类是木方，厚度至少为5in（127mm）。每一类锯材还可以根据用途进行细分。刨光后的施工锯材常规尺寸见表2-2。

在零售店，锯材的销售和购买按毛尺寸与长度来计算。例如：25片10ft长的2×4或25片3m长的38mm×89mm。而在大型的批发市场，锯材是按立方米来销售、购买和运输的。

刨光后施工锯材的常规尺寸　　　　　　　　　　　　　　表2-2

名称（英制）	实际尺寸（英制）	实际尺寸（公制）	国际尺寸
1×4	¾″×3½″	19mm×89mm	20mm×90mm
2×4	1½″×3½″	38mm×89mm	40mm×90mm
2×6	1½″×5½″	38mm×140mm	40mm×140mm
2×8	1½″×7¼″	38mm×184mm	40mm×185mm
2×10	1½″×9¼″	38mm×235mm	40mm×235mm
2×12	1½″×11¼″	38mm×286mm	40mm×285mm
4×4	3½″×3½″	89mm×89mm	90mm×90mm

2.3　木基结构板

木结构施工最初使用实木板来作为楼盖、墙体与屋面的覆面材料。而如今，工程上木基结构板已占据了统治地位（图 2-8）。

图 2-8　木基结构板在木结构房屋中应用广泛

2.3.1　木基结构板

木基结构工程板也称为木基工程板，是以木材为原料（旋切材、木片、单板等），通过胶合压制而成的承重板材，包括结构胶合板和定向木片板。

2.3.2　木基结构板的优点

1. 单片使用时，木基结构板所覆盖的面积大于实木板，因此板材之间的缝隙总面积要比使用实木板小许多。

2. 木基结构板自重轻、安装快，需要的连接件也少。此外，木基结构板的储存和运输更简便。如果储存得当，它们不会发生收缩、弯曲或扭曲。

3. 和实木板相比，木基结构板还可以提供更大的侧向支撑力与抗分离强度。另外，基于此类板材的结构性能，其厚度可以小于实木板（图 2-9）。

加拿大 CERTIWOOD™ 技术中心（原 CAN-PLY——加拿大胶合板协会）是工程木产品制造商的代表，属于协会的板材厂生产的合格产品均盖有 CANPLY 的印章，该印章是质量及级别认证的标示（图 2-10）。

图 2-9　木基结构板长度与宽度较大、厚度较小

图 2-10　木基结构板的分级章

2.3.3　主要的木基结构板

1. 胶合板

在加拿大，胶合板是最受欢迎的木基结构板之一。

（1）胶合板的加工：胶合板的加工是在大型的专用设备上进行的，车床刀片顺着树木的年轮方向旋转，对其进行去皮并修剪平滑，再将其旋切成单板（图 2-11）；随后另外一台设备将成卷的单板切割成近似的尺寸，再对其进行干燥处理。干燥后的单板经过上胶（图 2-12），最后放入"三明治"式的热压机中压制（图 2-13），同时胶会在高温和高压下熟化。

图 2-11　单板的加工

图 2-12　单板的上胶

（2）胶合板的特征：胶合板最重要的特征是每一层单板的放置方向都和下一层的方向垂直，且每层都刷满胶，该种胶是一种酚醛树脂，不含脲醛，具有防水特性。加拿大胶合板协会认证的胶合板符合 LEED® 评级系统（绿色能源与环境设计先锋奖）的要求，可探测的甲醛排放量为零。胶体熟化以后，就可对板材进行修剪（图 2-14）、加工方正、分级和验收。任意挑选样品进行一组测试。

加拿大胶合板协会印章是对客户的保证标识，表明该胶合板拥有一致的高品质。表 2-3 是加拿大胶合板协会的室内用胶合板等级，表 2-4 是加拿大胶合板协会的室外用胶合板等级。加拿大生产的胶合板有不同的尺寸和厚度，厚度规格见表 2-5。

图 2-13 胶合板的热压

图 2-14 胶合板的修剪与打磨

加拿大木业协会的室内用胶合板等级 表 2-3

等级	产品	胶合各层等级			特性	典型应用
		表面	中间层	背面		
双面（G25）	花旗松胶合板	A	C	A	两面都需要磨光处理以达到最佳外观要求。可含有实木小补丁或修补材料	家具、橱柜门、隔墙、架子、混凝土模板以及遮光涂料完成面
标准	杨树					
单面（G15）	松旗松胶合板	A	C	C	仅一面需要磨光处理以达到最佳外观要求。可含有实木小补丁或修补材料	外观面在哪里以及哪一面是经磨光处理的光滑面是很重要的。可用在橱柜、架子和混凝土模板
特级（SEL TF）	花旗松胶合板	B	C	C	表面孔洞必须被填补，可能需要轻微磨光	垫层、复合地板以及临时围墙。建造时没有对是否需使用磨光材料作要求
优选级（SEL）	花旗松胶合板/山杨树/杨树/加拿大软木胶合板	B	C	C	表面孔洞需要被填补，可能需要轻微磨光	
覆面板级（SHG）	花旗松胶合板/山杨树/杨树/加拿大软木胶合板	C	C	C	表面不需打磨，可含有一定尺寸限制的节疤，节孔以及其他一些小瑕疵	屋顶、墙体以及楼板覆面板。临时围墙，包装材料。建造时没有对是否需使用磨光材料作要求
高密度覆盖（HDO）	花旗松胶合板/山杨树/杨树/加拿大软木胶合板	B	C	B	光滑的树脂纤维表面，无进一步修整要求	箱子、柜子、船、家具、招牌、展示以及混凝土模板
中密度覆盖（MDO）	花旗松胶合板/山杨树/杨树/加拿大软木胶合板	C	C	C	光滑的树脂纤维表面，最佳的涂料上色材料	外挂板、望板、细木工板、内嵌式家具、招牌以及任何需要上色材料的表面
中密度双面（MDO2）	花旗松胶合板/山杨树/杨树/加拿大软木胶合板	C	C	C		

加拿大木业协会的室外用胶合板等级　　　　表 2-4

产品	产品标准	等级	特性	典型应用
易安装企口屋面板	花旗松胶合板/加拿大软木胶合板	SHG 或者 SEL	通过有专利权的企口边达到方便安装及边缘无需 H 形板夹作支撑的要求	用作民用，商用或者工业用的屋顶及露台覆面板
易安装企口楼面板	花旗松胶合板/山杨树/杨树/加拿大软木胶合板	SHG/SEL/SEL TF	通过有专利权的企口边使得安装快速简单	用作民用，商用或者工业用的楼板及重型层顶覆面板
COFI＋以及 COFI	花旗松胶合板（在厚度和表面树种以及表面树种和中间层有一定限制）	SEL/GIS/G2S/HDO/MDO	特殊的施工条件，例如潮湿环境下，花旗松胶合板提供了更大的刚度和强度。磨光或不磨光等级以及使用树脂纤维覆盖等级都可以做到。也可使用工厂预制隔离剂	混凝土模板以及其他潮湿条件下或者有其他更高的强度要求情况下

胶合板的厚度　　　　表 2-5

打磨前厚度		打磨后厚度	
优选紧面级、优选级与覆面板级		两侧打磨与一侧打磨	
公制（mm）	英制约数（in）	公制（mm）	英制约数（in）
7.5	5/16	6	1/4
9.5	3/8	8	5/16
12.5	1/2	11	7/16
15.5	5/8	14	9/16
18.5	23/32	17	21/32
20.5	13/16	19	3/4
22.5	7/8	21	13/16
25.5	1	24	15/16
28.5	1⅛	27	1 1/16
30.5	1¼	30	1 3/16

注：1. 从 1978 年开始，就出现按照公制生产的胶合板。但目前在加拿大，大部分胶合板仍然使用英制尺寸，如：6mm（1/4in）、9.5mm（3/8in）、12.5mm（1/2in）、15.5mm（5/8in）、19mm（3/4in）与 25.5mm（1in）。

2. 企口胶合板通常分为覆面板级、优选级与优选紧面级，厚度为 12.5mm 或以上。

3. 可以根据工程需要，专门订购不同厚度的胶合板。

2. 定向木片板（OSB）

另外一种常见的板材是定向木片板（OSB），也称为定向刨花板。这种板是将木材顺着纹理切削成薄条或薄木片，并将蜡、一种防水酚醛树脂或异氰酸酯树脂同这些薄木片混合在一起后，再压制而成（图 2-15）。这些薄木片每层定向布置，表层布置方向一般和板材的长度方向一致（图 2-16）。OSB 板共有三种等级：

R-1：不定向木片板；

O-1：不定向板芯定向木片板；

O-2：定向板芯定向木片板。

作为楼板、墙体与屋面覆面板使用时，加拿大国家建筑规范认为（O-2）级在结构上等同于胶合板。

图 2-15 OSB 板的加工

OSB 板的尺寸比胶合板大得多，通常可以制作成 2.4m 宽，9.6m 长。此外相比胶合板，OSB 板的抗剪强度也较好。然而在潮湿环境下 OSB 板的表现较差。板边缘易膨胀，有时会造成屋面沥青瓦和楼板覆盖材料的拱起。OSB 板在木结构房屋中广泛采用，尤其是在墙体部分。OSB 板的厚度与自重见表 2-6。

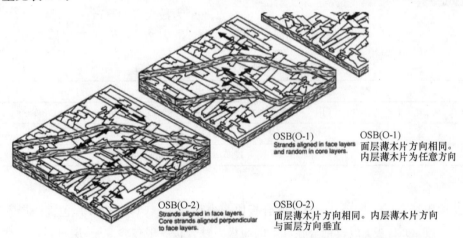

OSB(O-1)
Strands aligned in face layers and random in core layers.

OSB(O-1)
面层薄木片方向相同。内层薄木片为任意方向

OSB(O-2)
Strands aligned in face layers. Core strands aligned perpendicular to face layers.

OSB(O-2)
面层薄木片方向相同。内层薄木片方向与面层方向垂直

提供：加拿大木材委员会
来源：木材参考手册, p.200

图 2-16 OSB 板中木片的方向

OSB 板（1220mm×2440mm）的厚度与自重　　　　　表 2-6

厚度		自重	
mm	in	kg	lb
9.5	3/8	18	40
11	7/16	21	46
12	15/32	23	50
15	19/32	29	63
18	23/32	34	76

厚度		自重	
22	7/8	42	92
28.5	1⅛	54	120

注：1. 重量按照 640kg/m³ 进行计算；

    2. 企口 OSB 板的最小厚度为 15mm；

    3. 厚度也可根据订单特制。

图 2-17　OSB 板分级章示例

OSB 板上都盖有等级印章，例如图 2-17 板材的等级为 2R32/2F16/W24，其含义为：该板材可以用于屋面（R），此时结构构件的最大间距为（32）in，且板边需要支撑（2）；也可用于楼板（F），此时楼板搁栅的最大间距为（16）in，且需要额外支撑（2）；而用于墙体（W）时，墙龙骨间距为最大（24）in。

表 2-7 是公制-英制换算表。

公制-英制换算表　　　　　　　　　　　　　　表 2-7

¼″	5/16	11/32	⅜	7/16	15/32	½	19/32	⅝	23/32	¾″	1″	1⅛
6mm	8	9	9.5	11	12	12.5	15	16	18	19	25.4	28.5mm

24/16 OC		32/16 OC		20 OC		48/24 OC		16″	19.2″	24″		48″
600/400		800/400		500mm		1200/600		406mm	488mm	610mm		1219mm

3. 复合板

结构用复合板（APA），美国胶合板协会也称其为（COM-PLY）包含一层木基板芯材料（如 OSB 板）以及粘合在其上的面板。复合板一般包含 3～5 层材料，一片 3 层复合板包括 1 层木质纤维板芯，以及 2 层薄板用作面板与背板；而一片 5 层复合板的板芯为 3 层木质纤维板，最中间 1 层的纤维布置方向与其他两层相垂直。进行压制操作时，层与层之间的空隙会被小木片完全填充压实。典型的复合板应用包括结构覆面板、外挂板以及一些工业用途（摘自 APA 网站关于工程术术语）

2.4　非结构用木板

除结构用木板外，还有非结构性用途的木板，包括一些类型的胶合板、大片刨花板、纤维板、刨花板与其他非木材产品。非结构用木板可用作建筑室内外的饰面材料。

1. 胶合板

这类胶合板常用于室内墙体饰面板或吊顶板，也可用来制作内置橱柜或家具。表 2-8 是装饰用胶合板的等级。

装饰用胶合板的等级　　　　　　　　　　　　　　　　　　　　表 2-8

胶合板等级	饰面等级		
	面板	板芯	背板
未磨砂			
特选	B*	C	C
精选	B	C	C
覆面板级	C	C	C
贴面			
双面贴面中密度板（MD02）	C*	C	C*
单面贴面中密度板（MD01）	C*	C	C

2. 单面贴面中密度板

（1）特点：使用平滑的树脂纤维贴面；拥有最适合上漆的基面。

（2）主要用途：外挂板、望板、外挂大板、硬装修家具、指示牌，及其他需平滑板面的部位。

（3）加拿大胶合板协会（CANPLY）质量保证：加拿大胶合板协会成员公司保证其经过认证的胶合板不含制造缺陷。

非结构用胶合板还可以用做弹性地板及地毯的垫层（图 2-18），以及其他需要提供

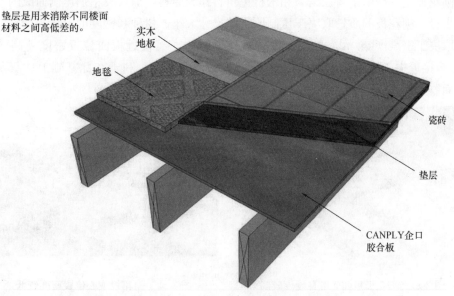

胶合板垫层安装

垫层是用来消除不同楼面材料之间高低差的。

实木地板

地毯

瓷砖

垫层

CANPLY企口胶合板

图 2-18　胶合板放置于楼板覆面板之上

平滑板面的用途。

内墙饰面也可使用胶合板制作的内墙挂板，以模拟实木板的装饰效果（图 2-19）。

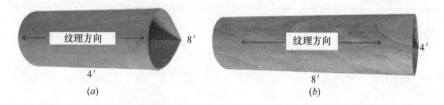

罗斯代尔系列

胡桃木　　　沿海柏木　　　橡木　　　高山松　　　桦木

图 2-19　内墙挂板有多种木纹和颜色

内墙挂板可以模仿不同木材的木纹和颜色，某些胶合板可弯曲，能用来制作有弧度的橱柜或楼梯梁（图 2-20）。Columbia Radius 可弯曲胶合板能够实现许多平板不能达到的目标，主要应用在：弧形造型家具、弧形橱柜或中岛、接待台与办公家具、拱门与拱形门窗套、弧形墙面或圆柱装饰。

纹理方向　　8′

4′

(a)

纹理方向　　4′

8′

(b)

图 2-20　可弯曲胶合板产品

(a) 8×4′横纹弯曲（3 层 1/4″厚产品）；(b) 4×8′顺纹弯曲（3 层 1/4″厚产品）

3. 刨花板

刨花板是一种由木屑、锯末和木材边角料作为原料，加入胶粘剂压制而成的木基非结构板材。刨花板的质量取决于压制原料的尺寸大小、树种和密度的差异等因素，其硬度则取决于密度（kg/m³）的高低。一片刨花板中，越接近板面位置密度越高（图 2-21），越接近中心位置密度越低（图 2-22）。板面硬度高，利于在此基础上抹灰及涂刷木饰面胶粘剂。

图 2-21　刨花板板面光滑且硬度较高　　　　图 2-22　刨花板中心位置密度较低

刨花板还可以作为基材与三聚氰胺树脂一起加工成三聚氰胺板，该板的板面具有防水性，多用于橱柜、浴室柜或其他湿度高的地方。外露的三聚氰胺板边通常用热烫或机器进行封边。

4. 纤维板

纤维板主要成分是粉碎的木质纤维小片、木质素与水。木质素是树木将木纤维粘合在一起的天然胶粘剂。在制作板材的过程中，水分会蒸发，剩余的混合物会通过热压成型。作为木基板材，纤维板和实木一样可进行切割、粘合与固定。

5. 高密度纤维板（HDF）

生产高密度纤维板所需的热压强度较高，因此板的密度与物理性能都较好。有时还会在板材表面涂油后进行烘烤以增加其强度和硬度。根据不同用途，高密度纤维板可分为不同等级和密度，它可用于内墙装饰板、外墙挂板（图2-23）、橱柜门（图2-24）与抽屉底板等，必要时还可在板面上刷漆以提高其耐久性。此外，高密度纤维板还可用来制作"维多利亚风格"带凸面的室内卧室门或壁柜。

图 2-23 使用高密度纤维板
制作的横向外挂板

图 2-24 使用高密度纤维
板制作的橱柜门

6. 中密度纤维板（MDF）

中密度纤维板的成分与高密度纤维板相似，但制作时的热压强度要低于高密度纤维板。中密度纤维板的尺寸规整、板面平滑（图2-25）。与实木材料相比，中密度纤维板的多孔性使其更易吸收家具用漆，也使其板边颜色偏深。中密度纤维板贴上薄的木饰面板后可用于制作家具、抽屉组件和柜门等。在厨房或浴室等湿度高的地方，中密度纤维板的板面通常会粘贴热塑性塑料保护膜。

7. 低密度纤维板（LDF）

低密度纤维板又称为软质纤维板，其含有的木质纤维较大，纤维组合不紧密，因此板更轻、更软，也更易折断。低密度纤维板常用于不可直接碰触的区域，比如用作吊顶板；或加工为带吸声孔的吸声板。

SONOpan是一种常见的低密度纤维板，可用于各种建筑吊顶、墙体和楼板隔声的纤维板（图2-26），其较好的弹性可以有效降低噪声的传递。此外它特有的低密度、表面孔隙与木质纤维层使其拥有颇佳的吸声效果。

图 2-25　中密度纤维板

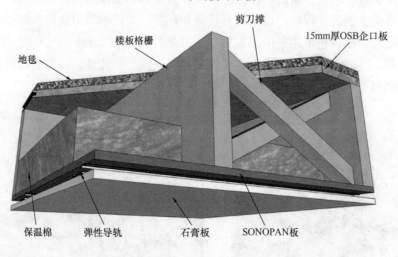

图 2-26　低密度纤维板可以用来做吊顶

2.5　工程木产品

工程木是指利用较小尺寸的木材加工成型的木制结构构件。工程木产品的出现替代了由大径树木加工而成的大规格梁和柱（图 2-27），使木材的利用率得到显著提高，消耗明显降低。随着自然界大径树木逐渐减少，人们开始利用相对较小的树木加工制作成各种规格尺寸的木梁和木柱。通过强度测试，工程木根据严格的标准和承载力进行分级。工程木的加工过程极大地提高了产品的一致性和木构件的长度。下面将就常见的几种工程木产品进行介绍。

1. 单板层积胶合木（LVL）

单板层积胶合木（图 2-28）也称为层板胶合木，它的材料组合方式与胶合板类似，是经由多层单板胶合热压而成，不同点在于其单板全部以平行木纹的方向组合起来。

图 2-27 不同类型的工程木

LVL 使用了花旗松和南方松的单板，因为其强度和刚度更好。加工 LVL 时，在胶合各层单板之前，都要对其进行压制，以使最后的成品更为密实。

LVL 最大可加工到 89mm 厚，457mm 宽，24000mm 长。为与规格材的标准厚度（89mm）和常规尺寸 2×4（38mm×89mm）保持一致，LVL 最常规的厚度为 38mm 和 44.5mm。通常用锚栓或钉将多片 LVL 拼合可提高其承载能力。

与 SPF 规格材相比，LVL 可以用作更大跨度的梁（图 2-29）或其他水平构件。用作梁时可以订购全长的板材，然后在施工现场进行胶合。施工时建议沿径向用两排 90mm 长的钉子以 305mm 的间距进行固定。LVL 可以用专业的木工工具进行切割，也可以用专门的连接件进行固定。

图 2-28 单板层积胶合木　　　　图 2-29 单板层积胶合木常被用作楼板梁

除此之外，LVL 还可以用作脚手板（图 2-30），LVL 的表面纹理粗糙，摩擦力较强，因此可以防滑。因为单板本身就是强化板，又使用了防水胶进行胶合，故而 LVL 可以在潮湿环境中使用，强度不易因受潮而降低。

2. 层叠木片胶合木（LSL）

层叠木片胶合木是用不同树种，尤其是商业价值逊于可加工成规格材的树木木片加工而成的（图 2-31）。加工时先将原木表面清理，去皮后切成木片；再对其施用树脂胶，并按平行的纹理叠放在一起，压制成大的坯料，其最大尺寸可加工到 140mm× 2400mm×10670mm；最后再将坯料切割到合适的尺寸以用于制作过梁、梁、封边板

（图 2-32）与楼梯梁等构件。图 2-33 是层叠木片胶合木加工工艺流程。

图 2-30　单板层积胶合木用作脚手板

图 2-31　层叠木片胶合木

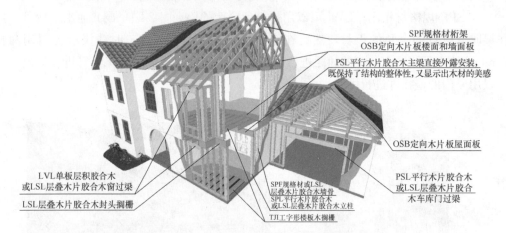

图 2-32　层叠木片胶合木的应用

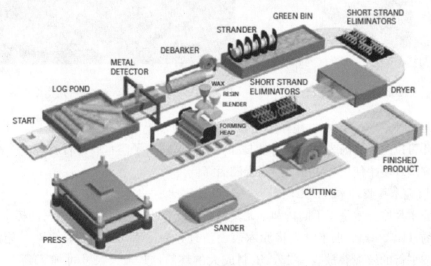

图 2-33　层叠木片胶合木的加工工艺流程

3. 平行木片胶合木（PSL）

平行木片胶合木（PSL）最初的商品名为 Parallam®，PSL 的初步加工过程同胶合板和 LVL 一样，先将原木去皮切成单板，然后再将单板切成 2～8mm 厚、约 24000mm 长的窄木条。在木条上涂上防水胶，然后送入压制机，在微波技术下固化成形，最终的成品尺寸为 280mm×430mm×20000mm（图 2-34）。根据过梁、梁或柱等构件的荷载要求，可将 PSL 切割成所需的尺寸（图 2-35）。PSL 是强度最高的工程木产品。

图 2-34　平行木片胶合木　　　　图 2-35　平行木片胶合木常被用作楼板梁

4. 胶合木（GLULAM）

胶合木是用多片规格材（38mm×89mm、38mm×140mm 等）水平层叠胶合而成的。胶合木边缘较锐利，表面经抛光打磨后尺寸精确。其常用宽度为 80mm 和 130mm，高度在 228～456mm 之间。在大多数情况下，可以根据工程需要定制任意尺寸的胶合木。胶合木的顶面和底面分别为高抗压和高抗拉的面层板。胶合木一般作为梁、过梁或柱子用于结构构件裸露在外的重木结构（图 2-36），例如教堂和体育馆。安装胶合木梁和过梁时，高抗压层板必须位于顶部，以利于发挥其优良的承载性能。有许多专用于胶合木结构的重型钢连接件。

5. 交错层积胶合木（CLT）

交错层积胶合木（CLT）的主材是规格材而不是单板，每层板材的布置同胶合木一样，但各层相互垂直布置（图 2-37），总层数为奇数。CLT 的生产最初源于 20 世纪 90 年代的瑞士，现如今主要在林业资源丰富的国家生产。CLT 竖向安装时可作为墙体，横向安装时可作为梁或楼板（图 2-38、图 2-39），斜向安装时可作为屋顶。

CLT 的出现为建筑师提供了一种全新的建筑材料，开启了用木材建造高层建筑的可能性。目前在加拿大，轻型木结构建筑的最高层数是 6 层，而用 CLT 已经可以建造高达 9 层的木结构建筑。温哥华相关人士目前正在设计 20 层的 CLT 建筑。

6. 工程木搁栅

现如今楼板搁栅、顶棚搁栅、屋盖搁栅、屋盖椽条甚至高墙的墙骨柱都可以选择使用速生林木加工而成的工程木产品。工程木搁栅具有承载力确定、尺寸统一、跨度更大、材质轻及可充分利用林木等优点。缺点是所用的胶粘剂是可燃产品。

图 2-36　胶合木结构构件可以用于室外

图 2-37　交错层积胶合木断面

图 2-38　工程木产品可做长跨度构件

图 2-39　工程木产品作为楼板

7. 空腹桁架 2000®

空腹桁架 2000®，又称为平行弦桁架。它是由优选指接材构成的上、下弦杆和由齿板连接的木腹杆组成，也有钢腹杆与齿板一体式的产品。空腹桁架所有杆件均通过辊压机压制组合而成（图 2-40）。空腹桁架便于管线安装，且可在工厂预制后到施工现场直接拼装。

8. 工字搁栅

工字搁栅是由上、下翼缘板与 OSB 板腹板组成。翼缘板通常为规格材，尺寸为 38mm×63mm、38mm×89mm 或 38mm×38mm，腹板上留有的穿线孔可以用于安装电线、管道以及空气流通。在工字搁栅两端，通常使用 32mm 厚的 LSL 作封边板来承担上部荷载。有时需要在工字搁栅两侧加装加强板以承担集中荷载的传递。现场安装时应该参照对应的工字梁搁栅专业施工图。图 2-41 是工字搁栅楼板系统。

图 2-40 空腹桁架的加工   图 2-41 工字搁栅楼板系统

复 习 题

1. 判断木材为硬木的依据是什么？

A. 深色的木纹   B. 伐自针叶树   C. 木纹很紧密   D. 伐自阔叶树

2. 判断木材为软木的依据是什么？

A. 浅色的木纹   B. 伐自针叶树   C. 木纹很紧密   D. 伐自阔叶树

3. 树木的细胞是通过何向种物质胶合在一起的？

A. 禾木胶   B. 生长层   C. 木质素   D. 髓心

4. 边材位于树木的何处？

A. 树干下方   B. 树干中心

C. 树根和树干之间   D. 树心和树干之间

5. 房屋结构用材所允许的木材最高含水率是多少？

A. 10％   B. 12％   C. 19％   D. 25％

6. 加拿大 2×8 规格材的实际截面尺寸是多少？

A. 1½in×8in   B. 2in×8in   C. 38mm×184mm   D. 40mm×185mm

7. 原木切割成单板后如何加工成胶合板？

A. 各层单板相互垂直铺放并施胶加工而成

B. 各层单板呈 45°角铺放并施胶加工而成

C. 将单板切割成条状后平行铺放并施胶加工而成

D. 将单板切割成薄片后平行铺放并施胶加工而成

8. 木材切割成单板后如何加工成定向木片板（OSB）？

A. 各层单板相互垂直铺放并施胶加工而成

B. 各层单板呈 45°角铺放并施胶加工而成

C. 单板切割成薄木片后平行铺放并施胶加工而成

D. 单板切割成薄木片后垂直铺放并施胶加工而成

9. 为何 OSB 板属于环保的覆面板？

A. OSB 板是由软木切割的细木片加工而成

B. OSB 板主要是用不能作为建筑用材的白杨加工而成

C. OSB 板的用胶对人体无害

D. OSB 板的自重轻并且防水

10. 哪种板材最常用于厨房和卫生间的台面？

A. 胶合板　　　　B. OSB 板　　　　C. 刨花板　　　　D. 中密度纤维板

11. 哪种板材可以通过使用三聚氰胺树脂胶加工成具有防水性的板材？

A. 胶合板　　　　B. OSB 板　　　　C. 刨花板　　　　D. 中密度纤维板

12. 哪种板材可同时用作室内和室外的墙体饰面板？

A. 低密度纤维板　B. 中密度纤维板　C. 高密度纤维板　D. 刨花板

13. 哪种板材可用作隔声板。

A. 低密度纤维板　B. 中密度纤维板　C. 高密度纤维板　D. 刨花板

14. 哪种板材可以减弱声音的传播？

A. 低密度纤维板　B. 中密度纤维板　C. 高密度纤维板　D. 刨花板

15. 工程木产品出现的原因是什么？

A. 美化梁和柱的外饰面

B. 替代用大径树木加工而成的木梁和木柱

C. 方便大尺寸梁柱的运输

D. 加工成具有防火性能的木梁和木柱。

16. 哪种工程木产品是用单板胶合而成的？

A. LVL　　　　　B. PSL　　　　　C. LSL　　　　　D. 胶合木

17. 哪种工程木产品是用平行木片胶合而成的？

A. LVL　　　　　B. PSL　　　　　C. LSL　　　　　D. 胶合木

18. 哪种工程木产品是用多层平行放置的规格材胶合而成的？

A. LVL　　　　　B. CLT　　　　　C. LSL　　　　　D. 胶合木

19. 哪种工程木产品是由相互垂直放置的规格材胶合而成的？

A. LVL　　　　　B. CLT　　　　　C. LSL　　　　　D. 胶合木

20. 工字搁栅的腹板是由什么材料组成的？

A. 胶合板　　　　B. LVL　　　　　C. OSB　　　　　D. 中密度纤维板

教学单元 3

紧 固 件

3.1 钉子、螺钉与螺栓

木结构建筑中会用到多种紧固件，常用的有钉子、螺钉与螺栓。

钉子通常用于将较薄的构件固定到较厚的构件上，螺钉的用途与钉子相同，但所用工具不一样。螺栓也是一种常用的紧固件，使用螺栓时，需提前钻孔，同时需与螺母和垫片等配件搭配使用。

3.1.1 钉子

根据用途不同，制造钉子的金属材料也不同，钢是最常用的材料。在易生锈的地方（如房顶、栅栏、露台），钢钉需经镀锌处理，分为电镀锌或者热镀锌两种。相比之下，热镀锌较电镀锌更耐腐蚀。不锈钢钉则可用于将木构件固定到地面上或土壤中。制造钉子的其他金属材料有铝、黄铜以及铜，用这些钉子固定金属或木结构构件，可以避免在潮湿环境下不同金属构件因相互接触而产生的电解、电镀反应。表 3-1 是钉子的组成、类型、代号和用途。

钉子的组成、类型、代号和用途　　　　　　　　　　　　　　　表 3-1

部位	图　　示	类型	缩写	备　　注
钉头		平顶沉头	Cs	隐藏式用钉、外挂板、地板、内装线条的安装
		石膏板钉	Dw	用于石膏板墙板安装
		饰面钉	Bd	橱柜、家具等表面隐藏式用钉
		平头	F	常规用钉
		大平头	Lf	抗剪、屋面用钉
		圆头	O	需特殊装饰效果的外装、露台等用钉

续表

部位	图 示	类型	缩写	备 注
钉杆		光杆	C	紧固力一般，临时性连接用钉
		螺纹	S	紧固力更佳，永久性连接用钉
		环纹	R	紧固力最佳，永久性连接用钉
钉尖		钻头	D	常规用钉，35°钉头，钉长为直径1.5倍
		钝钻头	B1	用于硬木树种，可防劈裂，45°钉头
		尖钻头	N	沉钉更快，25°钉头，可能使硬木劈裂
		鸭嘴头	Db	易于敲弯
		尖头	Con	用于混凝土工程，穿透性比钻头形更佳

钉子的种类如下：

（1）普通钉：普通钉是从长金属丝卷中切割而来的，通常称为圆光钉。其钉头中等、钉杆浑厚光滑，末端尖锐。箱钉也属于普通钉，但钉身较细，常镀有一层磷或胶。

（2）螺纹钉：螺纹钉的钉身有螺纹，具有咬合力大、固定性强的特点。装饰螺纹钉比普通螺纹钉细，钉头小，能深入木头里面，便于进行后续的装修。

（3）包装圆钉：包装圆钉的钉头为圆锥形，能沉入木材里层。屋面钉有镀层，钉头比普通钉大很多，可用来固定沥青瓦。

此外还有硬化钢制造的水泥钉，末端有圆锥形尖；固定性强且易拔除的双头钉；用推送器推射的装饰用角钉。图 3-1 是几种常用钉子。

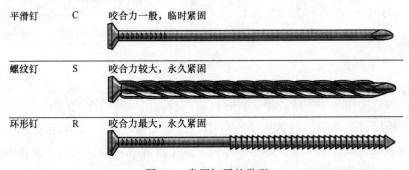

图 3-1　常用钉子的类型

图 3-2 两种手动码钉枪

除上述外，还有用于固定外挂板、石膏板、地板垫层、硬木地板以及天沟的特殊钉子和固定木料的长尖钉。

钉子除了用锤子敲击外，还可由气动钉枪或无线气动钉枪发射。

（4）码钉：码钉呈 U 形，通过手动、气动或电动钉枪驱动（图 3-2）。手动码钉枪常用于固定轻质材料如塑料薄膜与防潮纸；而加大码钉由电动钉枪气动发射，用以临时固定面板和夹柜部件。

3.1.2 螺钉

螺钉是比钉子咬合力更强、更易拆除的紧固件。螺钉的类型繁多，包括不同的制造材料、规格、螺母与螺钉头凹槽等。

螺钉头可决定螺钉的类型（图 3-3）。木螺钉为平头，螺钉头既可露在材料外面也可沉入材料里面；圆头或者盘头螺钉的螺钉头通常露在材料外面。椭圆头螺钉的螺钉头可部分沉入材料里，部分外露。

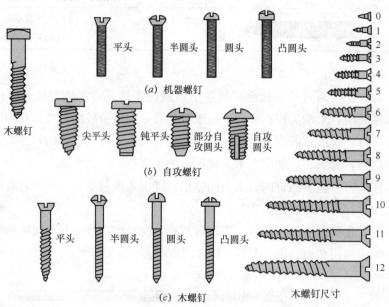

图 3-3 螺钉头类型

早期的螺钉头均为一字槽，但这种螺钉容易被取出。随后在美国出现了十字槽，主要用于石膏板螺钉及本国生产的五金配件中。随后加拿大生产出内四角头螺钉（图 3-4），后成为该国木螺钉的标准。米字头螺钉常见于欧洲五金器具与滑雪装备中；而星字槽常用在电动工具的螺钉上。

使用螺钉时应先钻导孔，尤其在组装家具时。但在主体结构建造中使用的螺钉不需打导孔，如低牙的底板螺钉与覆面板螺钉。固定重型构件如梁时，如不适合使用螺栓，可选用木螺钉（图 3-5）。其直径为 6～25mm，长度可达 300mm，有外四角和外六角两种。

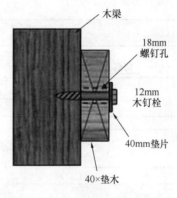

木梁
18mm
螺钉孔
12mm
木钉栓
40mm垫片
40×垫木

图 3-4　内四角头螺钉　　　　　　　　　图 3-5　木螺钉的使用

螺钉的型号用数字表示，数字越小的螺钉直径越小。可依据螺丝刀的型号为螺钉归类。例如：内四角头螺钉中的 4 号、5 号、6 号螺钉可用 1 号螺钉刀；而 7、8、9 号螺钉要用 2 号螺钉刀。

钣金件螺钉是用来固定薄金属构件的，木螺钉螺杆有部分光滑无螺纹，而钣金件螺钉则全部有较深螺纹。

自钻螺钉（图 3-6）和自攻螺钉（图 3-7）是建筑工程中常用两种螺钉。自攻螺钉主要用来加固薄钢制品，如钢制墙骨。使用电动螺钉刀高速转动自攻螺钉，利用尖锐钉尖穿过钢材。如果是加厚钢材，则可用电钻将自钻螺钉旋入。

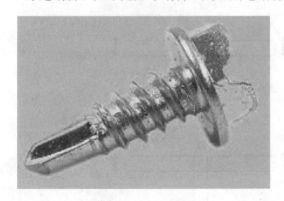

图 3-6　自钻螺钉　　　　　　　　　　图 3-7　自攻螺钉

3.1.3　螺栓

螺栓极易与螺钉区分，螺栓需要与螺母一起使用，螺母与螺栓头共同作用夹紧中间的构件。带有平垫片或者锁紧垫片的螺栓可以防止螺母或螺钉头嵌入木材。螺栓通常由钢制成，表面镀锌。如果钢中掺入不低于10％的铬，可制成不锈钢螺栓。木结构建筑中常用的螺栓有车身螺栓、机械螺栓与炉用螺栓。螺栓使用时需提前钻导孔，并要注意孔距构件边缘的距离以及荷载的类型（表3-2）。

螺栓的构造要求   表 3-2

问题：	
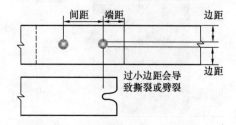 过小边距会导致撕裂或劈裂	
荷载类型：	
1. 紧固件（水平方向）单向受剪	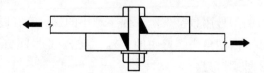
2. 紧固件（水平方向）双向受剪	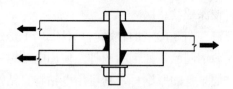
3. 紧固件抗拔受力 　紧固件轴向抗拔时主要依赖于紧固件紧固后木材纤维形变产生的摩擦力（图 a），如果紧固件设置为横向抗拔（图 b），节点紧固强度会更好	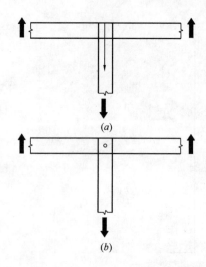 (a) (b)

（1）车身螺栓：车身螺栓头部光滑，头部下方有方形凸缘（图 3-8）。使用时将螺栓置于预先钻好的孔中，拧紧螺母，将凸缘旋入木材中，这样可防止螺栓发生转动。车身螺栓紧固时无需旋拧头部。当装潢构件需要光滑且不突出的栓帽时，即可使用车身螺栓。加固时需注意螺母与螺栓的长度匹配。

（2）机械螺栓：机械螺栓（图 3-9）有外四角头或外六角头。拧紧螺母时，常用扳手固定头部以防止其旋转。

图 3-8　车身螺栓

图 3-9　机械螺栓

（3）炉用螺栓：炉用螺栓（图 3-10）有圆头或扁平头两种，且头部有凹槽，螺杆带螺纹。轻部件中可采用这种螺栓。

（4）螺栓尺寸：螺栓尺寸由直径与长度决定。车身螺栓与机械螺栓的直径为 5～19mm，长度为 19～500mm。炉用螺栓尺寸比两者都小，直径为 3～9.5mm，长度可达 100mm。

螺栓使用时需提前钻好孔，外加平垫片可分散抓力，防止螺母与螺钉头嵌入木头。如果接合部位有位移或者振动，可外加锁紧垫片。

图 3-10　炉用螺栓

3.2　连接件、锚固件与胶粘剂

3.2.1　连接件

木结构建筑中会应用到多种金属连接件（图 3-11）。它们除了具有连接构件的功能，同时还起着承重与加固的作用。因此为主体结构选择合格的连接件非常重要。

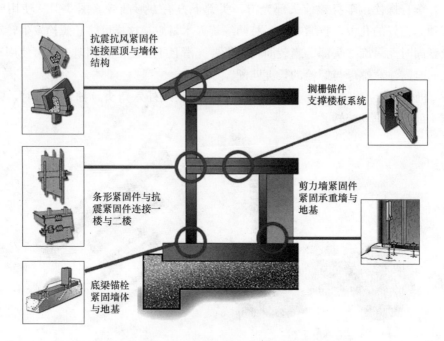

图 3-11　主体结构连接件的位置

（1）搁栅托架：搁栅托架在楼盖系统中可用于楼盖搁栅与梁、楼盖搁栅与楼梯井封边搁栅的连接（图 3-12、图 3-13）。在屋盖系统中可用于屋盖搁栅与梁、楼梯梁与楼梯井封头搁栅等结构的连接。在较潮湿的条件下（如露台），搁栅托架应做镀锌处理。

图 3-12　搁栅托架的安装

（2）抗拔锚固件：抗拔锚固件也称抗风紧固件，在强风地区可确保屋顶与墙体牢固连接。安装方法是将其钉在墙体顶梁板的任意一侧，并与椽条或桁架连接。但若钉的连接构造不符合技术要求，会较大程度地影响其紧固强度。

（3）结构紧固件：结构紧固件可用于连接墙骨柱与墙体梁板、墙骨柱与过梁、梁与柱、柱与混凝土柱基础、栏杆与栏杆柱等。结构紧固件有不同的规格与厚度，用于匹配不同的重型构件与轻型构件。同样，与结构紧固件配套使用的连接件也有不同规格与抗剪强度，如钉和螺栓。

（4）齿板：齿板用于连接屋顶或者楼盖桁架（图 3-14）。它们取代了曾经使用的胶合板结点板，并大大提高了桁架的工程性能。齿板是通过液压机或辊压机压入桁架杆件的，其连接效果与强度远优于胶合板结点板。

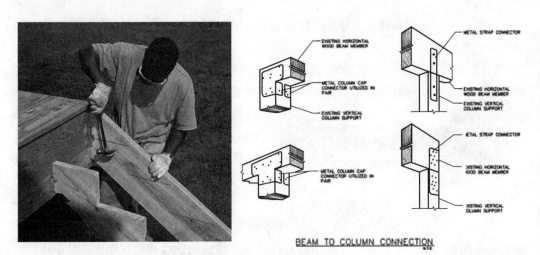

图 3-13　楼梯顶部的搁栅托架

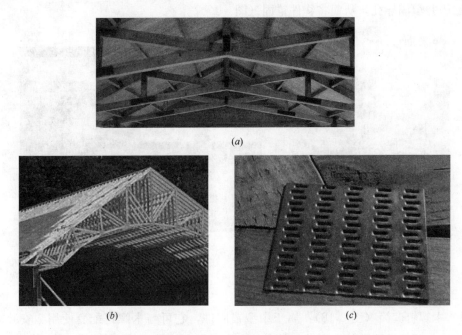

图 3-14　屋架节点连接

（a）重型屋架节点连接；（b）轻型屋架节点连接；（c）齿板

3.2.2　锚固件

锚固件通常用于将木材或其他材料与混凝土、砖石砌体或者空心墙体连接。

1. 实心墙锚固件

实心墙锚固件属于膨胀锚固件，它依托膨胀的外壁与主体连接在一起，达到锚固的目的。实心墙锚固件依据其抗拔强度可分为：重型锚固件、中型锚固件与轻型锚固件。重型锚固件常用于锚固设备、扶手与护栏、货架等；中型锚固件常用于门窗、壁柜与管道的锚固；而轻型锚固件常用于固定电箱、小尺寸的镜子及小物架等装置。

（1）重型锚固件

1）车修壁虎：是一种重型锚固件，一经安装后极难拔出，因此通常用于固定不移动的重型物件。使用时需提前根据其尺寸和长度在混凝土墙或者楼板上钻相同深度的导

孔，随后放入楔形的锚杆，再放上需锚固的托架等物体，最后用螺母和垫片固定。在旋紧螺母的过程中，锚杆的头部会膨胀，从而起到锚固的作用（图3-15）。

图 3-15　车修壁虎

2）内迫壁虎：安装时先钻好大小与深度合适的导孔并将锚杆放入孔中，再用锤子敲击配套的安装工具，使导孔中的锚杆膨胀，最后用螺母和垫片加固（图3-16）。

3）套管式壁虎：也属于重型锚固件，其插入的导孔可稍大，随着螺钉的旋紧，套管会膨胀并填满导孔，从而将物件锚固（图3-17）。

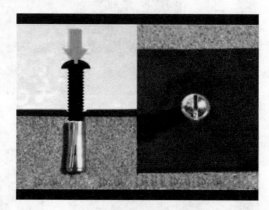

图 3-16　内迫壁虎　　　　　　　　图 3-17　套管式壁虎

（2）中型锚固件

1）木螺钉套筒（图3-18）：属于中型锚固件，它可与木螺钉配套使用。安装时应先在砌体上开好导孔并放入套筒，随后打入木螺钉，旋入的过程中套筒会开裂并填满导

图 3-18　木螺钉套筒

孔。木螺钉的尖头应完全穿过套筒，以保证套筒完全裂开并填塞紧实。制作套筒的材料应为较软的金属，通常为锌合金。

2）插销壁虎（图 3-19）：也是一种中型锚固件，它类似于高硬度金属制造的钉子，但在钉末端有一个孔，孔边有略向两侧外突的圆弧。使用时应先钻好导孔，孔径与钉身直径相同，随着钉身敲入，其外突的弧形可使其紧卡在孔中。插销壁虎多

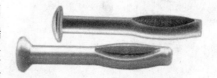

图 3-19　插销壁虎

用于木龙骨与混凝土楼地面的连接。与它类似还有一种钉身弯曲而不分叉的锚固件。

此外，市场上还有其他的膨胀锚固件。其原理都类似：钻好导孔后放入锚杆，随后旋紧螺母使锚杆膨胀而紧嵌于孔中。

3）水泥螺钉（图 3-20）：工作原理与上述锚固件略有区别，其不同之处在于它仅由一个部分组成。因此在安装时对导孔的要求也比较高，孔径与深度都须为合适的尺寸。每一盒水泥螺钉中都配有一个配套的砌体钻头。厂家通常建议水泥螺钉的螺纹应打入混凝土至少 25～45mm。水泥螺钉的螺钉头有多种类型，包括平头和沉头；槽口有内六角、内四角或十字槽等类型。水泥螺钉分为重型（图 3-20）和轻型（图 3-21）两种。

图 3-20　重型水泥螺钉

图 3-21　轻型水泥螺钉

4）内牙壁虎（图 3-22）：是一种常用锚固件，它包含三个部分：锥形锚杆、套管及机械螺栓。安装时同样需要先打好合适的导孔，再将套管与锚杆一起放入导孔，随后再用配套工具打入螺栓，该过程会使套管膨胀，并紧卡在导孔中。

（3）轻型锚固件

如需快捷地将物件与砌体墙连接，则可选用由铝、锌或尼龙制成的敲击式壁虎。安装时在物件和墙体上钻好导孔，放入锚杆后用锤子敲入锚杆中的金属销，锚杆即会膨胀并卡在物件中。图 3-23 是常见轻型锚固件。

（4）化学锚固件系统

图 3-22　内牙壁虎

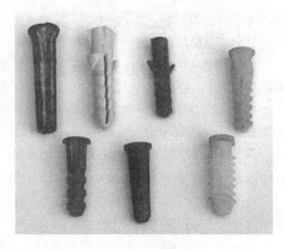

图 3-23　常见轻型锚固件

　　通过粘结实现锚固目的，目前多采用环氧胶类产品将钢铁与混凝土牢固连接。使用时需按照厂家要求操作：打好导孔后需清理尘土，再将充分混合的胶注射（AB 两组胶在胶管中已混合）入孔（图 3-24）；或旋入螺栓时打破孔中预置的玻璃药管至药剂混合（图 3-25）。放入螺栓时，略作旋转使其通体覆盖胶层，随后凝固一段时间，待凝胶后加上螺母与垫片。

图 3-24　在混凝土构件孔中注入环氧胶

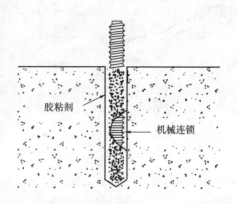

胶粘剂

机械连锁

图 3-25　使用环氧胶在混凝土中安装螺栓

2. 空心墙紧固件

　　（1）兰花夹（图 3-26）：是一种用于空心墙体的锚固件。将兰花夹与螺栓同时插入墙板后，兰花夹可被内置的弹簧在墙体的空腔内撑开。在安装时，墙板的开孔需稍大以让折叠的兰花夹穿过。螺栓头下方通常需放垫片。如果拆除螺栓，兰花夹则会掉落在墙板后的空腔中。某些兰花夹为塑料制作，此时需要与配套螺钉使用，而非螺栓。

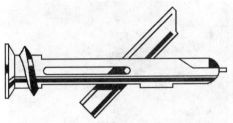

图 3-26　兰花夹

（2）膨胀螺栓：有空心墙专用的膨胀螺栓（图 3-27）、锥形螺栓（图 3-28）以及尼龙墙塞等。有些螺栓在使用时需提前钻孔，有些则可以直接打入。锥形螺栓锚固力最强，且可直接旋入石膏板，使用比较方便，应用广泛。安装空心墙膨胀螺栓时，应先拧入膨胀管与螺栓，再拆除螺栓，最后再上好装置即可。

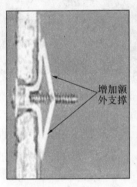
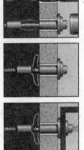

增加额外支撑

图 3-27　空心墙专用膨胀螺栓

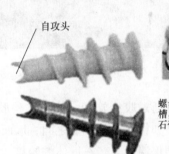

自攻头

螺母设置十字槽，使其能被旋入石膏板。

图 3-28　锥形螺栓

3.2.3　胶粘剂

胶粘剂能够将两个物体粘结在一起，有固态、液态、半液态等多种形式，以及粘固剂、乳香胶与胶水等类型。

粘固剂通过化学作用，在硬化后紧固材料。其凝固过程短，且伴有气体产生。为改善室内空气质量，新的乳胶粘固剂产品仅产生少量气体。

（1）接触型粘固剂：在住宅建筑的施工中常用，多于胶接厨房或洗手间台面的贴面（图 3-29）。使用时，在台面与贴面上先后施胶，待胶完全晾干后，在两者之间放入木条以隔开，随后将两者小心对齐，最后拿掉木条，让两者接触以粘合。粘合过程会瞬间完成，因此操作不允许出错（图 3-30）。在粘合后用贴面滚筒从中间开始，向外侧滚压挤出空气，以使贴面与台面满粘。

（2）加塑粘固剂（图 3-30）：它的适应环境能力强，干湿环境皆可使用。通常可在突出屋顶构件的根部（如烟囱）作密封胶使用，或用于密封混凝土基础中模板扣件形成的孔洞。

（3）乳香胶：为半固态，通常为罐装或筒装。乳香胶类产品中最常用的是建筑结构

图 3-29　使用接触型粘固剂安装台面贴面

图 3-30　加塑粘固剂

胶，为筒装，并通过胶枪施胶。建筑结构胶（图 3-31）常用于对粘结强度和持久性要求较高的位置，如楼面板与搁栅之间、墙面板与墙骨柱之间，铺路石等。特殊配方的乳香胶可用于挤塑保温板与砖石墙体的胶接。

罐装的乳香胶可通过锯齿抹刀施用（图 3-32）。抹刀的齿距和深度需按罐体上说明选用。乳香胶在抹刀施用后可粘贴瓷砖、PVC 地板、PVC 地砖以及乙烯基踢脚线等。使用时，在材料表面施胶后，待其稍凝再压紧，需养护一段时间方可使用。

图 3-31　建筑用结构胶是一种乳香胶

图 3-32　使用抹刀施胶

（4）胶水：是液态胶粘剂，常用于材料厚度不宜采用重型紧固件的内装接缝处，如家具、橱柜与室内线条。室内装修常用的胶水有两种：黄胶与白胶（乳白胶）。

黄胶是一种脂肪族树脂胶，其黏度高且耐热、耐溶，也称为木工胶（图 3-33）。

白胶的成分为聚乙酸乙烯酯，常用于家具与木材的粘合（图 3-34）。施工人员通常会在绝大多数的接缝位置施用该类的木材用胶以保证可靠的连接。

图 3-33　黄胶

图 3-34　白胶

复 习 题

1. 如何区分螺钉和螺栓？

A. 螺栓有六角形的螺栓头 　　　　　　B. 螺栓的螺杆且带螺纹

C. 螺栓配有螺母和垫片 　　　　　　　D. 螺栓是细螺纹，螺钉是粗螺纹

2. 哪种金属制作的钉子可用于安装木挂板？

A. 铜　　　　　　B. 电镀锌钢　　　　C. 铝　　　　　　D. 热镀锌钢

3. 木挂板用钉可使用哪种钉头？

A. 椭圆头　　　　B. 平头　　　　　　C. 大平头　　　　D. 平沉头

4. 哪种钉杆适用于固定木地板？

A. 环纹　　　　　B. 光杆　　　　　　C. 螺纹　　　　　D. 镀锌

5. 哪种螺钉头凹槽是在加拿大发明的？

A. 十字槽　　　　B. 内四角槽　　　　C. 星字槽　　　　D. 米字槽

6. 哪种钉子最耐腐蚀？

A. 普通钢　　　　B. 不锈钢　　　　　C. 电镀钢　　　　D. 热镀锌钢

7. 当同时使用紧固件和金属板时，为什么需要用材质相近的金属？

A. 保持颜色一致性

B. 避免出现电解作用

C. 保证紧固件和金属板有相近的强度

D. 减少多种钢材的使用从而降低对环境的破坏

8. 哪种螺钉主要用来加固薄钢制品？

A. 木螺钉　　　　B. 钣金螺钉　　　　C. 自钻螺钉　　　D. 自攻螺钉

9. 哪种螺栓的头部光滑且有方形凸缘？

A. 车身螺栓　　　　　B. 机械螺栓　　　C. 炉用螺栓　　　D. 方头螺栓

10. 哪种螺栓是外四角或外六角螺丝头？

A. 车身螺栓　　　　　B. 机械螺栓　　　C. 炉用螺栓　　　D. 方头螺栓

11. 哪种连接件可用来固定楼板搁栅和梁？

A. 抗风紧固件　　　　B. 搁栅托架　　　C. 12mm 螺栓　　　D. 齿板头螺栓

12. 哪种结构连接件可以用于固定屋面椽条和墙体顶梁板？

A. 抗风紧固件　　　　B. 搁栅托架　　　C. 12mm 螺栓　　　D. 齿板

13. 哪种结构连接件可以用于桁架弦杆和腹杆的固定？

A. 抗风紧固件　　　　B. 搁栅托架　　　C. 12mm 螺栓　　　D. 齿板

14. 兰花夹属于哪一类锚固件或螺栓？

A. 化学锚固件　　　　　　　　　　　B. 轻型锚固件

C. 重型锚固件　　　　　　　　　　　D. 空心墙用锚固件

15. 木螺钉套筒属于哪一类锚固件或螺栓？

A. 化学锚固件　　　　　　　　　　　B. 中型锚固件

C. 重型锚固件　　　　　　　　　　　D. 空心墙用锚固件

16. 车修壁虎属于哪一类锚固件或螺栓？

A. 化学锚固件　　　　　　　　　　　B. 轻型锚固件

C. 重型锚固件　　　　　　　　　　　D. 空心墙用锚固件

17. 建筑胶粘剂用于楼板搁栅时，使用何种工具施工？

A. 腻子刀　　　　　　　　　　　　　B. 胶枪

C. 抹刀　　　　　　　　　　　　　　D. 油漆刷或滚筒

18. 使用何种工具将胶粘剂用于安装地板？

A. 腻子刀　　　　　　　　　　　　　B. 胶枪

C. 抹刀　　　　　　　　　　　　　　D. 油漆刷或滚筒

19. 使用何种工具施用乳香胶？

A. 腻子刀　　　　　　　　　　　　　B. 胶枪

C. 抹刀　　　　　　　　　　　　　　D. 油漆刷或滚筒

20. 哪种胶用于室内家具接缝处？

A. 黄胶　　　　　　　　　　　　　　B. 白胶

C. 乳香胶　　　　　　　　　　　　　D. 触型粘固剂

教学单元4

工 具

4.1 手 动 工 具

妥善保管、正确使用工具，是优秀施工人员必备的职业素养。因为工具是从事职业活动不可或缺的帮手，对其职业来说是重要的财产。高质量的工具可能价格不菲，但其性能更优越且更持久，不失为一个好的投资。

当前，机械与电动工具在施工过程的应用越来越广泛，但手动工具仍是不可或缺的施工工具。在木结构建筑施工中，应用的手动工具主要有以下几类：

4.1.1 测量和安装工具

1. 直尺

直尺（图 4-1）是最简单的测量工具之一，通常用木材或金属制作。直尺上有刻度，以毫米（mm）为最小刻度单位，其后依次为厘米（cm）与米（m）。施工人员可使用直尺绘制直线及测量长度。直尺长度有限，多用在工作台上测量较小的物体。

2. 卷尺

卷尺（图 4-2）也是施工人员的常用工具，易于在手中握持且携带方便。卷尺可精确测量 8m 甚至更长的长度，其内置弹簧，故拉伸后能自动回缩。因卷尺头易受损，从而影响其精确度，故做工精湛的卷尺尺头通常由铆钉与尺条连接，背部配有加强衬条。铆钉周围留有尺头厚度的可活动空隙，以保证在测量时，从尺头内侧或外侧测量均同样精确。

图 4-1 直尺　　　　　　　　　　　　　　　图 4-2 卷尺

木结构建筑用卷尺在每 305mm、406mm 与 487mm 的刻度位置都有菱形着重标记。这些标记便于施工人员在拼装主体结构构件（如楼盖搁栅、墙骨柱、屋顶椽条或桁架）

时画线。此外，这种卷尺比普通卷尺更长且更宽（通常为 20～30mm）。由于用厚规格钢制造，即便是伸出至 2m 也能保持笔直，非常好用。

手动卷尺（图 4-3）测量距离可达 30m，包括钢卷尺（钢）和皮卷尺（PVC 塑料纤维）。尺带扁平且收放便捷，尺头带钩或圆环，可固定于钉头或者钉杆。卷尺应保持干燥与清洁，否则易生锈或卡带。钢卷尺遇热会略微膨胀，而皮卷尺长久使用后会被拉长，故有必要定时检验其精度。

3. 角尺

角尺的种类较多，施工人员可使用多种角尺在材料上画直角线或斜线，其中许多直角尺也可做测量工具。角尺由角尺尺柄（木或钢）与垂直嵌入尺柄的钢尺组成

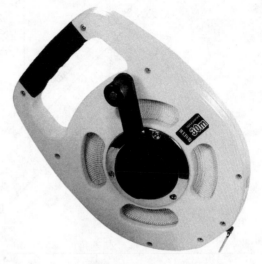

图 4-3　手动卷尺

（图 4-4），常用来检验木料边和面是否垂直，也可用于台式电刨机的竖向靠栅与台锯竖向锯片的安装

建筑施工中也常用组合角尺（图 4-5）。组合角尺由一个钢制尺杆与一个可滑动尺柄组成。尺柄有两条边，分别与尺杆呈 90°角与 45°角，以方便施工人员画线。由于尺柄可滑动，故可将其用作滑动扣来测量材料长度并画线；也可以用来测量槽榫或搭口榫等接合方式的槽口深度。有些组合角尺还配有不同功能的配件，因此也可用作量角规来测量与标记角度，或用作材料转角顶点位置的中线定位工具。

图 4-4　直角尺　　　　　　　　　　　　　　　　图 4-5　组合角尺

快速角尺是由铝或塑料制作的带有单侧靠边的等腰直角三角形角尺（图 4-6）。由于可用它方便地进行 90°和 45°的测量与画线，其体量小，能装入施工人员的工具包，因此广泛用于木结构建筑行业。利用它的角度与坡度刻度，可以进行屋顶椽条的画线与切割，此外还可作为电圆锯直线切割的辅助工具。

木工角尺呈 L 形（图 4-7），通常由金属材料（钢、不锈钢、铜或铝）制成。尺杆尺寸为 50mm×600mm，尺柄尺寸为 40mm×400mm。木工角尺有多种用途，其中最重

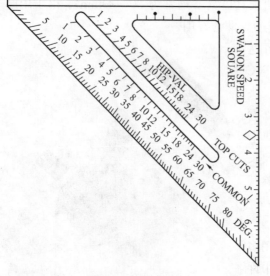

图 4-6　快速角尺

要的是作建筑构件的垂直度校验。

木工角尺的另一个重要组成部分是尺杆上的椽条用表，它包括与建筑高度和单位宽度（250mm 与 354mm）对应的普通椽条与脊椽长度，以及脊椽与端坡椽条的鸟嘴和端部的切割角度。

T 形可调角尺（活动角尺）是可调节角度的角尺（图 4-8）。调整到所需角度后，可用来画线、调整电动工具的角度或辅助进行非 90°角的切割。滑动槽中的滑扣由蝶型螺母固定。角尺的尖端可以收拢到手柄中以避免使用人员受伤。

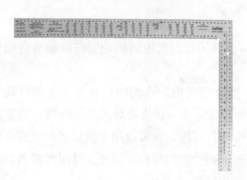

图 4-7　木工角尺

图 4-8　T 形可调角尺

另外还有圆规夹（图 4-9），它可以画出直径较大的圆。

4. 水平尺

水平尺的主要用来检测建筑构件的水平度。施工时常用铅锤（线坠）来检测建筑构件的铅垂度，但大部分水平尺在两端都配有水准泡，因此也可用其检测铅垂度。

鱼雷水平尺小巧轻便，可放进随身工具包中（图 4-10）。但由于其精度一般，常用于检测排水管的安装坡向等，木工不常使用。

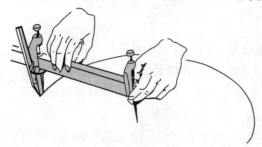

图 4-9　圆规夹

图 4-10　鱼雷水平尺

建筑用水平尺的长度在 600~1800mm 之间，其长度越长，测量的精度越高，有些水平尺可拉伸至 2000~3500mm。应注意在运输和施工中，水平尺可能因剧烈运动而造成水准泡破裂。调校墙体的铅垂度时，最佳做法是在顶梁板与底梁板上各装一块挡块，随后用水平尺靠在挡块上进行调校。直接用水平尺靠在墙骨柱上调校是不完全精确的，因为它是假定墙骨柱是完全笔直的。存放水平尺时需注意保持其干燥与清洁。图 4-11 是木工用水平尺。

挂线式水平尺由金属或塑料水准管及穿过水准管的线组成（图 4-12）。使用时由于拉线的松紧程度与气流都可能对测量结果造成影响，因此其测量精度一般。

图 4-11 木工用水平尺

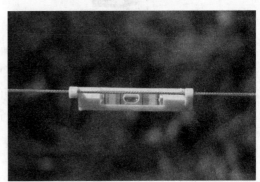

图 4-12 挂线式水平尺

5. 铅锤

铅锤也称线坠（图 4-13），是测量铅垂度最精确的工具。铅锤由较重的金属制作，一端是尖头，另一端配有圆环以使线可从中穿过。使用铅锤校检墙体垂直时，可将其从墙顶悬垂至楼面。如铅锤拉线与墙体的距离在顶部与底部完全一致，则说明墙体是铅垂的。使用较重的铅锤可使其在风中摆动的幅度较小，测量精度也就高些。

图 4-13 铅锤

6. 粉斗及墨斗

粉斗和墨斗都属于手持弹线工具，其内放有线卷与彩色粉末或墨水，线末端配有钩或针，线卷可由外侧摇柄控制。使用时先将线末端的钩钩住钉子或板边等位置，随后拉动粉斗或墨斗，线被拉出时即会粘满粉或墨；随后将线拉紧后压实一端，再垂直向上拉起线的中间部分，松手后即可弹出一条直线。弹线长度超过 2m 时，最好先压住线中间一点，再在该点的两侧各弹一次，如此弹出的线就会更加准确。

7. 分规与圆规

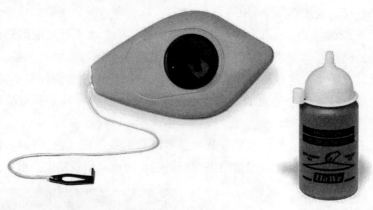

图 4-14　粉斗

　　分规（图 4-15）与圆规常在建筑施工中作画线用，例如安装一片材料使其紧密贴合一个不规则的表面。使用时设定好两脚间距之后，将金属脚紧靠在不规则表面上滑动，另一脚上的铅笔即可在材料上画出完全匹配的线。

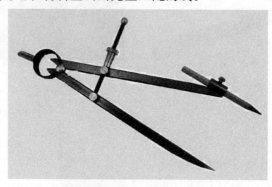

图 4-15　分规

4.1.2　切割及削平工具

1. 凿子

　　凿子的凿身由金属制成，凿刃锋利，形状有方正、扁平等多种，与凿柄组成整体（图 4-16）。凿柄使凿子易于握持，并便于用木锤敲击使用。木工凿子的凿刃宽度通常为 3～50mm，凿刃两侧或方正或有斜面。两侧方正的凿刃用于打方正的榫眼；而两侧有斜面的凿刃常用于打有角度的斜眼，如燕尾榫眼。凿柄或有凿裤以装入凿身；或为穿心柄，外装握套。使用凿子时，最好用夹具夹紧工件，同时握好凿子，偶尔会配合使用锤子。

图 4-16　木凿子

2. 刨子

刨子由木或金属制刨壳以及斜向嵌入刨壳中的锋利刨刃组成。刨壳底部平滑，刨刃在刨壳底部微露刃口。不同国家的刨的形式略有差别，如向前推的推刨与向后拉的拉刨。使用刨子时需紧固工件，双手握刨。刨刃刃口的斜面应朝下，弧形盖铁可调节刨刃的露出距离，并使刨花向上卷曲。刨刃可上下左右调节，也可调整刨口以改变刨花通过路径的大小。图 4-17～图 4-19 为几种常见的刨子。

图 4-17 平底刨

图 4-18 小平底刨

图 4-19 木盒平底刨

刨子和凿子都须保持锋利。存放时应使刀片朝上，避免与台面接触。有斜面一侧的刃口可在砂轮上打磨锋利（4-20a），而平面一侧的刃口在磨石上打磨几次即可（图 4-20b）。

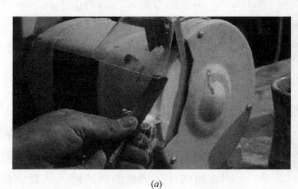

(a)

(b)

图 4-20 凿子的打磨

（a）砂轮打磨；（b）磨石打磨

3. 金属剪

金属剪（铁皮剪）可用来剪切薄金属片材料（图 4-21a）。建筑施工中常用来剪切金属薄板制作的屋面瓦、泛水板、封檐板与望板等，此外也可用于壁炉与新风机安装后的金属管道剪切。手柄更长、剪切力更大的重型铁皮剪可用来剪切较厚的金属材料。

航空剪是用来作弧形剪切的（图 4-21b），其上有色标，绿色表示剪切弧线向右，红色表示弧线向左，而黄色表示剪切方向笔直。航空剪的剪切力不及铁皮剪，但在工地使用较为便捷，且新近研发的航空剪已可向任一方向剪切。

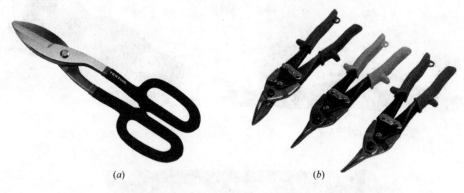

(a)　　　　　　　　　(b)

图 4-21　金属剪与航空剪

(a) 金属剪；(b) 航空剪

4. 刀具

(1) 美工刀

建筑施工中最常用、最安全的刀具是美工刀。美工刀有两种类型：一种使用单片短刀片，刀片两端都有刃尖；另一种使用长刀片，刀片带有折线，用钝的部分可被折去，以保持刀的锐利。两种类型均可在刀柄中装入备用刀片，但使用长刀片的优势在于其能切割保温棉。与很多工具类似，美工刀有轻型与重型之分，而在建筑施工中多使用后者。

图 4-22　木工刮刀

(2) 木工刮刀

木工刮刀是常用的刮削工具，一般分为平面刮刀和曲面刮刀两类（图 4-22）。平面刮刀用于刮削平面和刮花；曲面刮刀用于刮削内曲面。

(3) 油漆刮刀

油漆刮刀（图 4-23）由可替换的刀片和长刀柄构成，可用于在表面重新刷漆前刮除原有漆层，也可用于刮除打胶时木材构件接缝处溢出的胶。地板装修人员常用油漆刮刀刮除在角落或砂纸机无法够及位置的地板漆。

5. 手锯

欧美国家习惯用的锯为推锯，推锯分为横切锯和纵切锯。横切锯（图 4-24）的锯片有一排左右错开的锯齿，沿木材横纹方向切割时，锯齿会切断木材纤维，同时切出锯缝以使锯条能够继续前后活动。使用横切锯时，锯片与地面成 45°角左右，材料即将锯断时动作应放轻放缓，以防止木料自行折断。

横切锯根据锯片上每英寸的锯齿数作了分级，八点表示锯片上每英寸有八个锯齿。锯齿越密，则切割面越光滑，但需要推动锯的次数越多。

图 4-23 油漆刮刀

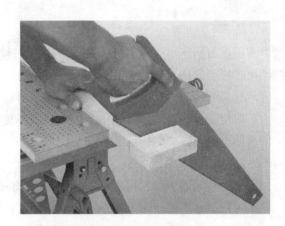

图 4-24 横切锯

纵切锯的锯齿断面为方形，其可沿木材顺纹方向"凿"开木材。新近研发的锯齿已兼具横纹与纵纹的切割功能，因此纵切锯已较少使用。

此外还有多种类型的专用锯。鸡尾锯（图 4-25）的锯片狭窄，可在材料上锯出曲线的形状，使用时通常需先用电钻钻孔。石膏板锯（图 4-26）与鸡尾锯的外观类似，但锯片强度更好，且顶部有锋利的刃口使锯片能刺透石膏板以进行切割。

图 4-25 鸡尾锯   图 4-26 石膏板锯

弓锯（图 4-27）用作切割弧线，因此可用于切割踢脚板位于墙体阴角的接头。钢锯（图 4-28）的锯条专用于切割钢材。

拉锯，又称日式拉锯，是相对于推锯而言。其锯齿锋利，在向回拉动时切割材料。其锯条灵活，因此可用于切割门套。

4.1.3 打孔及钻孔工具

1. 手摇曲柄钻

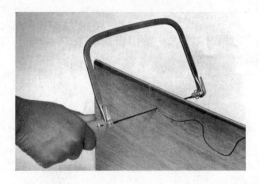

图 4-27 弓锯

图 4-28 钢锯

手摇曲柄钻是一种手持工具，可用于在木材上钻较大的孔。其钻头为螺旋钻头，螺纹可疏松可紧密，且上下两侧都是锋利的刃口。使用时摇动曲柄带动钻头转动，在螺纹旋入材料的同时刃口也切割材料。钻穿木料后，将钻头退出，再从孔的另外一侧重新钻入，以使孔壁光滑。如需钻出类似门把手等更大的孔，则可采用可调节的单刃口钻头。所有钻头的顶部都有特殊的锥形头。

2. 手摇钻

手摇钻（图 4-29）可用于在木材上钻出稍小的孔，如螺钉导孔或螺栓孔。其所用钻头为钢制，还可使用沉头钻头为沉头螺钉钻出导孔。手摇钻通过传动装置将顺时针摇动手柄的力带动垂直方向的钻头顺时针旋转。

3. 手推钻

手推钻（图 4-30）的钻杆上有一圈突起，能将压力转换成旋转力。钻中的弹簧能将手柄上推回到顶，以便再次下压。某些螺丝刀的配件也可使用同样的原理旋入十字头或一子头螺钉。

图 4-29 手摇钻

图 4-30 手推钻

4.1.4 紧固工具

1. 锤子

木结构建筑施工人员常使用两种锤子。第一种为弯角羊角锤（图 4-31），其锤击面

平滑，用途广泛。锤头重量通常在
200～500g，锤子的名称直接由锤头重
量表示。最常见的锤头重量为 454 g
(1lb)。第二种锤子为直角羊角锤，多
用于木结构建筑的主体结构施工。其锤
头的羊角仅略有弯曲，锤击面通常为网
状糙面。通常直角羊角锤比弯角羊角锤
更重，其重量在 550～ 900g。

图 4-31　弯角羊角锤

锤子的锤柄可由多种材料制成（图 4-32），如钢、木、玻璃纤维、石墨以及塑料复
合材料，且有多种不同的长度。有些锤柄还覆盖有柔韧且具缓冲作用的材料，它可吸收
由钉子传至手臂的振动，避免手腕、肘和肩部的重复性劳损。目前一些厂商已开始采用
钛金属制作锤头，在大幅度降低了锤头重量的同时，还能保证相同的击打力。一个
400g 的钛金属锤头与一个 600g 的钢锤头的击打力相同，但却能大幅度降低对关节的损
伤。此外，使用带弧形的长木柄也能有效减少锤子对手腕的冲击力。

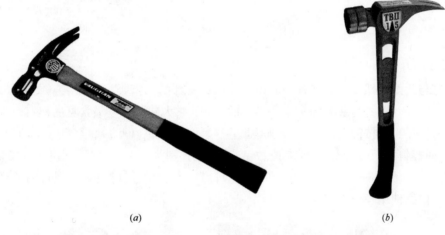

(a)　　　　　　　　　　　　　　　(b)

图 4-32　不同材料柄锤

(a) 玻璃纤维柄锤；(b) 钛金属柄锤

有时为避免损伤装饰材料，可在锤头上加一个塑料帽，如此即能兼顾击打效果与饰
面保护。

使用钉冲（图 4-33）可让钉头下沉，以便于用木塞填堵钉孔。为防止下钉时木材
开裂，可采取钝化钉尖或打导孔的方法。斜向下钉可增加钉子的抗拔力。最后需注意在
任何时候打钉都务必佩戴护目镜。

2. 码钉枪

重型码钉枪可用于安装防潮纸之类的轻薄材料。手动码钉枪有多种类型：有靠手压
的手压式码钉枪，也有像挥动锤子的锤击式码钉枪，码钉在接触到材料时即被击发，安
装速度很快。还有敲击式码钉枪，其需要通过锤子敲击才能击发码钉。该类码钉枪通常
用于较厚材料的安装，如 6mm 厚的楼板覆面卷材。此外还有气动码钉枪，它可有效降

低手部疲劳。

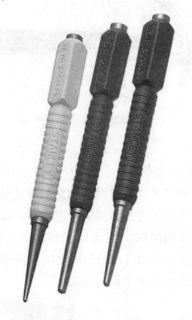

图 4-33　钉冲　　　　　　　　图 4-34　手压式码钉枪

3. 螺丝刀

螺钉与匹配的螺丝刀的名称一般按照其螺钉头部的凹槽类型来命名（图 4-35）。内四角（Robertson）螺钉头是由加拿大发明的，是加拿大建筑市场最常见的螺钉。其匹配的螺丝刀由小到大按颜色编号，分别是黄色（♯0）、绿色（♯1）、红色（♯2）与黑色（♯3）。而螺钉的尺寸则由小到大按数字表示，分别为 3 号、4 号（黄色）；5 号、6 号、7 号（绿色）；8 号、9 号、10 号（红色）；12 号、14 号（黑色）。螺钉的长度与凹槽类型应依据使用环境而定。

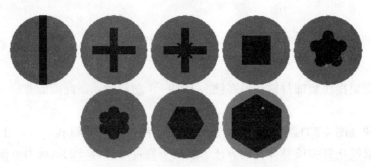

图 4-35　不同的螺钉头类型

十字头（Phillips）螺丝刀与十字头螺钉相匹配，其尺寸从♯0～♯4 不等。十字头螺钉常用于橱柜五金件的安装，且是石膏板螺钉的首选类型。1966 年，发明十字头螺钉的公司再次发明了米字头（Pozidriv）螺钉。这种凹槽类型随后成为国际标准，欧洲几乎所有的橱柜五金件、电子产品与滑雪装备中都使用米字头螺钉。近期的螺钉产品也开始使用组合凹槽，其允许与两种或以上的标准螺丝刀相匹配。图 4-36 是米字与十字螺钉头的比较。

目前，许多螺丝起子的手柄中都装有多种类型的起子头，这些起子头也同时匹配电动螺丝起子。

将螺钉旋进木头前，最好先打出导孔与沉头凹槽。组合式沉头钻头（图 4-37）打出的导孔可同时匹配螺钉的螺纹、光杆与沉头部分。

图 4-36　米字头与十字头略有差别

图 4 37　组合式沉头钻头

4.1.5　拆除工具

1. 撬棍

撬棍（图 4-38）可用于将长钉拔出木头或撬开用钉子连接的木构件。撬棍一端呈楔形，另一端有 U 形弯曲并成叉状，可用来卡住并拔出钉子。U 形的弯曲设计可使撬棍的支点随着钉子的撬出而不断调整。扁撬杠也是一种拆除工具，作用与撬棍具类似。

2. 起钉器

如果要拔出深入木材的钉子，则需要使用起钉器（图 4-39）。起钉时需先用锤子敲击起钉器，使其羊角部分进入木材并卡住钉帽。起钉器羊角的外侧有弧形设计，最初的

图 4-38　各种类型的撬棍

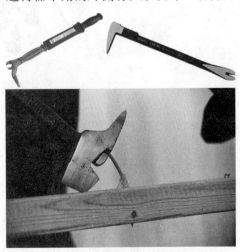

图 4-39　起钉器

敲击使其向下移动并沉入钉帽周围的木材中，继续敲击则可使其向上翻起，卡住钉子并带出少许，随后再加力将钉子拔出即可。钉子只要被起出至钉帽离开木头表面，即可使用多种工具将其拔出。

4.1.6 夹具

除了同尺寸的扳手外，有多种工具可用于夹紧或者拧松螺母，其中最为常见的是活动扳手（图4-40）。活扳手有多种尺寸，扳手越长，其扳手的开口也越大。可调手钳也可用于拧紧螺母，大力钳同样也是如此。

还有许多夹具可以用来固定材料，如：大力钳（图4-41）、C形夹、弹簧夹、条形夹、螺丝夹等（图4-42）。

图4-40　活动扳手　　　　　　　　　　图4-41　大力钳

图4-42　夹具

4.2　便携式电动工具

4.2.1 电圆锯

电圆锯是木工最常用的电锯。它的锯片由电机直接驱动或通过蜗轮传动，使用时伸缩护罩可覆盖锯片，以保护操作者。电圆锯威力强大，因此使用的时候需加倍小心，且在切割前需确保工件稳定，并佩戴护目镜。

　　使用时应先将电圆锯底部前端搁置在工件上，锯齿不应触碰到工件。按下扳机开关以发动电机（注意：有些锯子需先打开安全开关）。待到锯片全速运转时方能进行工件切割。安全的做法是找一个引导器来引导电锯移动，比如快速角尺、夹条或靠栅（图4-43）。引导器不仅能让锯子切割出直线，还能避免锯片被卡住与锯子发生回弹的可能性。大多数电圆锯都有辅助手柄，操作者可使用双手操作（图4-44）。锯片必须时刻保持锋利以防止其卡住与回弹。一旦电圆锯离开待切工件，锯片保护罩会立刻弹回安全位置以盖住旋转的锯片。等到锯片停止旋转之后再把锯子放在地面或稳固的平台上。

图 4-43　电圆锯上的夹条

图 4-44　电圆锯的使用

　　电圆锯可以切割出直切口（图4-45）、材料端部的斜切口、材料两侧的斜切口以及复合角度的斜切口（图4-46）。切割斜切口时，使用引导器来引导锯子底座非常重要。现在也有可调节的专用引导器，可使电圆锯切出任何角度。电圆锯的锯片由下向上切割，因此应让工件美观的一面朝下。当更换锯片的时候，应确保锯齿齿尖向上朝着锯子底座的方向。

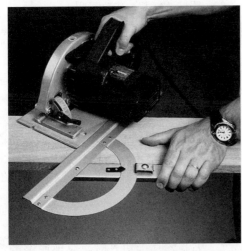

图 4-45　使用引导器切直线切口

图 4-46　用电圆锯切割斜向切口

由于锯片会经常磨损，需要及时更换。更换锯片前，应首先切断电圆锯电源，然后使用配套扳手往锯片旋转的方向拧转螺母。一个按钮或锁片会锁住锯轴，用力按住锁片并用手转动锯片，直到锯轴被锁住，然后取下螺母和垫片。随后清洁锯子、更换锯片、更换垫片并拧紧螺母。当锯片旋转时，会使螺母保持紧固。

图 4-47　合适的锯片深度

合适的锯片深度，是保证切割顺利的前提之一，安全的做法是让锯片深度高出待切工件 6mm（图 4-47），这样可减少锯片的摩擦力并降低锯片卡住的可能性。如果工件放置的位置不正确，圆锯的切割深度会不够。尽管锯片直径的范围从 114～406mm ，但是最普遍使用的圆锯直径为 184mm 。

锋利又耐久的锯片都有碳素钢锯齿，锯齿可以用胶粘合，也可以焊接。锯片的锯齿越多，切割的表面就越是平滑。有特殊涂层处理的薄路锯片，可用来做顺纹切割或切割防腐木。

当需要作非常精细的切割时，例如两侧贴面的空心门，可先用刀子划出切割线。随后在门上夹住一个引导条，使其到切割线的距离正好等于锯片齿尖到底座边缘的距离。再使用多锯齿锯片小心地沿引导条移动切割，这样可以使工件的切口平整。另外一种做法是在切割线上贴一根护条，这样可以保持木纤维的粘合度。

电圆锯有两种类型：直接驱动与涡轮传动（图 4-48）。直接驱动电圆锯的锯片可位于马达左右两侧；涡轮传动电圆锯的锯片位于马达左侧。直接驱动电圆锯的手柄靠近锯子

图 4-48　涡轮传动电圆锯

的后上方，而涡轮传动电圆锯的手柄在锯子的后方，这就形成了不同的使用方法。涡轮传动电圆锯较重，使用时先将锯子提起使其坐到工件上，当锯片达到最高转速后，再向前推动圆锯切割工件。直接驱动电圆锯在使用时是被提至工件上，也使其底座坐在工件上。待锯片达到最高转速后，边向前推动边从上方引导，使锯子切过工件。在使用这两种电圆锯切割斜向切口或从上方直接切入材料时，都需要手动扳回部分锯片保护罩（图 4-49）。从上方直接切入时，应把底座的前端牢牢地固定在工件表面，扳回锯

图 4-49　使用电圆锯直接从材料上方切割

片，启动锯片使其达到最高转速，然后缓慢地放下圆锯，直到整个底座坐在工件上，再沿画线切割。停止使用时，需先松开扳机，待锯片停止转动时再移开锯子。开口其他的几个边可用相同的方法切割，最终的切口可用手锯或曲线锯处理。

4.2.2　曲线锯

曲线锯主要用来切割曲线，其锯片沿上下方向移动（图4-50）。锯片的冲程与电机的电流强度决定了锯子的不同用途。冲程从12～25mm不等，冲程越长，使用越便捷。为了更好地切割，一些曲线锯可以调整成轨道或圆形切割模式。锯片必须根据待切材料的种类与切口形式来选择，但必须使用锋利的锯片。如今的曲线锯大多都配有转速调节器。这就允许曲线锯以低速运转。通常曲线锯是切割复合地板的最佳工具。

曲线锯的锯片和手锯锯片一样，锯齿排列越密，切口就越平滑。有特殊的钢锯条可用来切割金属。大多数锯片的冲程是向上的，但也有特殊的锯片冲程是向下的，用以切割塑料复合台面的水槽开孔。图4-51是几种常见的曲线锯锯片。

图4-50　使用曲线锯切割

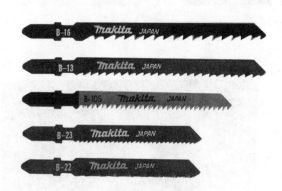

图4-51　不同的曲线锯锯片

用曲线锯切割时工件要固定牢靠，并应先画好清晰的线引导操作者切割。操作者须始终佩戴护目镜，并握紧锯子。从工件日后不需要的一侧下刀，以合适的速度把锯子送入工件，避免锯片被卡住。锯子会切割出曲线，但是急弯可能需要用到钢丝锯条。曲线锯不允许上下振动，为了避免这种情况，锯子向前移动时，需将锯子向下紧压。

4.2.3　往复锯

往复锯锯片来回进出的运动模式与曲线锯类似（图4-52）。但往复锯体形与功率都较大，通常用来做翻修工程，装饰工程则很少用得到。它可以切断墙体骨架中的钉子（图4-53），在墙体梁板上开口来放置水管或线管，或在楼面板上开口以放置暖通管道。往复锯通过

图4-52　往复锯

扣动扳机来启动电机，且对大多数往复锯来说，扣动扳机越重，锯片往复运动得越快。锯片可以根据实际切割情况决定安装方向。

往复锯的锯片类型较多，锯片长度为 100～305mm，制作材料包括多种类型的合金。锯齿也有较多类型，锯齿越少的锯片切割能力越强，可以切割金属材料（图 4-54）有些特殊的锯片可用于切割树枝或切割水泥板。

图 4-53　往复锯可用于切断钉子

图 4-54　切割金属

由于往复锯很重，因此向下切割时，依靠其自重就足够了。在切割墙骨柱与底梁板之间的钉子时，可把锯片平放在底梁板上，再伸入构件之间切割即可（图 4-55）。往复锯锯片具有一定柔性，切割时可弯折一定的角度，而往复运动并不会因此受到阻碍。

图 4-55　往复锯在狭隘空间使用

4.2.4　电钻

电钻的尺寸是根据适合夹头（电钻前端夹住钻头的机件）的最大钻杆直径确定的。最常用的 3 种电钻尺寸为 1/4in、3/8in 和 1/2in（6mm、9mm 与 12mm）。大口径的电钻拥有更大的扭矩、更慢的转速与更大的功率。它们通常配有一个主握把与一个辅助手柄以便操作者能牢固握持（图 4-56）。较大的电钻需要配套扳手紧固夹头，较小的电钻则不需要。

所有的电钻都是用扳机启动的，并有不同的转速，通常有 2 挡或 3 挡转速，应根据待切材料与钻头类型选择不同的转速挡位。高速挡位通常用于在木材或软金属上钻小孔；而慢速挡位则用于钻大孔或在砌体与钢材上钻孔。大多数电钻都带有反转功能，对解决钻头卡住的情况非常有效。有些电钻还带有锤击功能，可以辅助破碎砖石和混凝土。

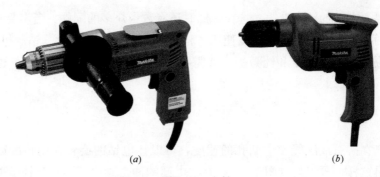

(a)   (b)

图 4-56 电钻

(a) 加装手柄的 12mm 电钻；(b) 9mm 电钻

钻头有多种样式可选。高速旋转的钢制或钛合金钻头非常适合在木头、金属或复合材料上钻小孔（图 4-57）。如需在木材上精确钻孔，可选用带锚点的两刃钻头（图 4-58）。而如需快速在木材上钻出大孔，则可使用木工扁钻头。为了钻出更精密的大孔，可使用中心带螺纹的三刃钻头。某品牌的钻头可以在木头或复合材料里钻出平底的孔（图 4-59）。该类钻头在使用时需使用安全夹或固定钻床。另外还有可以在木材中钻出深孔的螺旋钻头（图 4-60）。

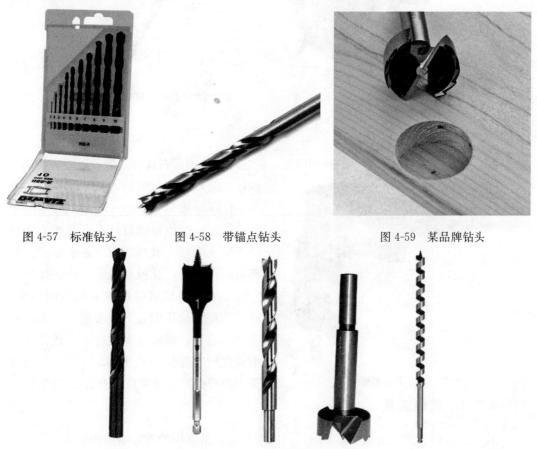

图 4-57 标准钻头   图 4-58 带锚点钻头   图 4-59 某品牌钻头

图 4-60 不同类型的钻头

根据需要，电钻的钻头有很多选择，同时还有数量众多的配件。当需要开很大的孔洞时，例如门把手，有多种工具可以使用。比如砂磨鼓轮、砂磨盘、钻洞机、圆盘刀、铣刀、钢丝刷、油漆搅拌器和锉刀等。如需在瓷砖、玻璃和砖石上钻孔，也有专门的钻头。

4.2.5 电锤

为了提高在砖石或混凝土中钻孔的速度，可以让电钻的旋转作用再配以捶击的作用，电锤就是这样一种工具（图4-61）。有些电锤的冲击频率高达每分钟50000次，可以有效地破碎混凝土。重型的旋转式电锤采用SDS钻头（图4-62），通过头部的下压回弹安装，免去了用扳手安装的不方便。混凝土钻头顶端的镶硬合金齿非常坚硬，它冲击旋转的同时可磨掉混凝土。电锤通常配有一个深度调节拉杆。

图 4-61 电锤　　　　　　　图 4-62 电锤用 SDS 钻头

4.2.6 螺钉枪

图 4-63 石膏板螺钉枪

螺钉枪是石膏板电动起子的通用叫法，但它除了能固定石膏板之外，还能为地板打螺钉。其外观类似电钻，只是有不同的夹头夹住螺丝钻头（图4-63）。螺钉枪有一个预设深度，可使得螺钉打在石膏板的表面以下但又刚好不破坏纸面。大多数螺钉枪都会高速旋转，且扳机可被锁住。操作者专注于单手将螺钉喂给带有磁力的钻头，同时垂直将枪压向石膏板表面。压力促使离合器运转，螺钉从而被拧入。通常用拇指和食指来握住枪的顶部，再用手掌施加压力。有些螺钉枪可自动进给链带螺钉。

4.2.7 无线工具

几乎所有的便携式电动工具都可以用电池供电，最常用的就是电钻和电动起子。虽然仍有使用镍镉电池的无线工具，但如今最好的电池是锂电池。电池的电压从 7.2～

36V 不等，它们以可供运转的安时数来分类。电压及安时数越高的工具，越适合建筑施工使用。无线工具最大的优势是便携性（图 4-64）。由于没有电线，施工人员能轻松地在脚手架与屋顶上工作。如果有几块备用电池，即可全天使用该工具。

无线冲击起子正在快速取代无线螺丝起子，它可以边旋转边冲击，用很强的动力把螺钉旋入木头中。它们相比电钻更轻便，表现更好。最近，一些大型工具公司开发了无刷式电机与更好的锂电池，这种锂电池增加了 40% 运转时间、20% 的运转速度、20% 的扭矩与 50% 的蓄电量。如使用这种电池，几乎所有电动工具就都可以作出无线型号了。

图 4-64　多种无线工具

071

电钻、冲击钻、螺钉枪、所有的电锯、研磨机、木工接合机和大部分的砂纸机均有无线式型号。维护无线工具与电池非常重要，同时需要让他们远离高温。无线工具的电池处理涉及环保问题，报废后应将其退还至购买处。

4.2.8　木工专用工具

有多种专为细木工与家具制造设计的便携式电动工具，如电刨、雕刻机（电木铣）、修边机、木工接合机与砂纸机等。该类工具的应用可大幅降低木工的工作强度。

1. 雕刻机与台面修边机

雕刻机（图 4-65a）开启时刀头高速旋转，它可以为家具修边，或为构件开榫眼以做出精确的接头。台面修边机（图 4-65b）是雕刻机的一种小型版本，它主要用来为台面的塑料面修边。

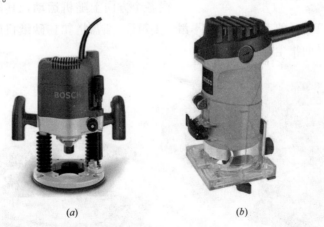

(a)　　　　　　　　　　(b)

图 4-65　雕刻机和台面修边机

(a) 雕刻机；(b) 台面修边机

2. 木工接合机

木工接合机（图 4-66）可以在两片木材上分别开半圆形的槽，再将圆形的填缝木片打胶后塞入其中一个槽，随后将其塞入另一个槽中使两片木材拼合，最后夹紧接头使其牢固（图4-67）。

图 4-66　木工接合机

图 4-67　接合两片木材

3. 砂纸机

砂纸机有多种规格，可配合使用不同型号与颗粒目数的砂纸。砂纸目数表示其颗粒的疏密程度，也能说明完成面的打磨要求。粗糙砂纸的目数较小（50、60、80），中等砂纸的目数居中（100、120、150），而精细砂纸的目数较大（180、220、280），非常精细的砂纸目数会超过300。小型砂纸机（1/4张砂纸）按轨道运动，但是会留下划痕（图4-68）。抛光砂纸机（1/2或1张砂纸）以直线来回运动（图4-69）。带式砂纸机一边快速旋转一边打磨（图4-70）。盘式轨道砂纸机可向各个方向上随机运动，其砂纸装在一个圆盘上快速转动，打磨后的完成面非常平滑（4-71）。圆盘搭扣在砂纸机的底部，其上带有孔洞可将尘屑导向集尘袋。

图 4-68　小型砂纸机

图 4-69　抛光砂纸机

图 4-70　带式砂纸机

图 4-71　盘式轨道砂纸机

4.2.9　气动工具

气动工具有各种类型，包括气钻、起子、砂纸机和角磨机，其中以气动结构钉枪最为常用（图 4-72）。所有的这些工具都需要空气压缩机、空气软管与调节器，但也有些无线气动钉枪使用的是二氧化碳气罐。

图 4-72　气动结构钉枪

木结构建造可用到结构钉枪（图 4-73）、屋面钉枪（图 4-74）、装饰钉枪与码钉枪。结构钉枪使用卷钉或排钉，钉子的长度从 50～90mm 不等，并镀膜以防生锈。卷钉为麻花钉，以提供更好的抗拔力，可用于结构构件与覆面板的安装。

图 4-73　无线气动钉枪　　　　　图 4-74　气动屋面钉枪

屋面钉枪用来固定沥青瓦，通常为卷钉枪。配套的屋面钉钉头大而扁，钉身经过电镀锌处理以防生锈。装饰钉枪和码钉枪用来做室内细木工，如安装橱柜与家具（图4-75）。

图 4-75　气动码钉枪

4.2.10　火药钉枪

火药钉枪又称射钉枪（图4-76），用于将木材与钢材或混凝土连接。使用时先将钉子放置在枪膛内，并将撞针放在预备位置；随后压低钉枪的前端，扣动扳机释放撞针，撞针会撞击火药药管，火药随机爆炸并击出钉子。钉子的初速较低但冲击力却很大，足以使其冲入钢材或混凝土中。由于使用火药，因此在使用火药钉枪前必须对使用者进行培训。选用合适的钉子对使用钉枪非常重要。

图 4-76　火药钉枪

使用火药钉枪时，个人安全装备非常重要，护目镜、听力保护装备与防尘面具都是必需的。火药钉枪虽有双保险的安全功能，但决不允许把它指向他人。枪维护工作也很重要，因为不清洁的火药钉枪会出现卡壳与走火，从而引起不必要伤害。

4.3　固定式电动工具

固定式的木工电动工具有较多类型，但是大多数都用于制作橱柜、台面或其他家具的工厂。而在木结构建筑施工现场上使用的固定式工具通常都会装有轮子，以便于施工人员在建筑物周围移动。木结构建筑施工中主要用到是台锯和斜切锯。

4.3.1 台锯

在建筑工地上最常见到的就是台锯，可以分为固定台锯（图 4-77）和移动台锯（图 4-78）。台锯可分为：小规格桌面台锯（轻巧紧凑，但是需要一定高度的台面来放置）；台面较大的中规格台锯（锯切宽度为 600mm），自带一体式可折叠滚轮；大规格台锯体形最大，其台面宽阔且装有稳妥放置台锯的滚轮或可移动底座，同时还拥有可伸展的护栏，锯切宽度达到 900mm。对于房屋建造，这 3 种台锯都应使用直径为 254mm 的锯片。

图 4-77 固定式台锯　　　　　　　　图 4-78 移动式台锯

为了保障人身安全以及良好的切割质量，选择合适的台锯非常重要。台面较小的两种台锯会限制所切材料的尺寸，同时影响切割的安全性和精确度。虽然通过建造工作台面可以提高切割的精确度，但是出于安全与精确度的考量，最好还是使用最大尺寸的台锯。但即使使用大规格台锯，操作员在切割时仍需一个同伴来扶住木材，或者建造一个扩展工作台面。台锯越大，对配备的锯片护罩、滑轨与靠栅的要求就越高。

台锯应放置在开阔的场地，保证有足够的操作空间。切割前应确保台锯的水平和稳固，同时台锯四周地面应平整、防滑，以保证设备的稳定。施工人员如果在转动的锯片周围滑倒极易发生伤害事故。在施工现场，护罩应时刻罩住锯片。使用台锯应遵守以下规定：

（1）穿着紧身的衣服，不要佩戴首饰；

（2）穿着必要的个人防护装备；

（3）锯片仅高出待切工件 6mm；

（4）锯片后要放置一个防反弹齿；

（5）靠栅或角度尺（图 4-79）需二者选一（严禁用手）；

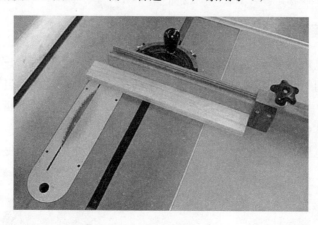

图 4-79　台锯角度尺

（6）如用手推动工件穿过锯片和靠栅之间，则工件的最小尺寸应为 125mm 宽，250mm 长；

（7）待切工件越窄，越是需要使用推把；

（8）不要越过锯片上方取东西；

（9）当需要用锯片切割斜面时，锯片的倾斜方向应为远离靠栅的方向；

（10）不要同时使用角度尺与靠栅；

（11）用一片垫板（图 4-80）来确保工件的稳定性，工件与台面和靠栅要紧密接触；

（12）横切小工件时应使用双槽的横切辅助靠栅；

（13）使用限位块来辅助重复切割同一尺寸的工件；

图 4-80　垫板

（14）切割较大板材时，应有同伴配合，确保切割过程中工件始终贴紧靠栅。

4.3.2 斜切锯

电动斜切锯给木结构行业带来了巨大的变化，它原本是为了细木工设计的，但现在已成为整个木工行业的标配。它有两种基本类型：锯片向下正切或斜切的复合斜切锯、能够滑动切割的滑动复合斜切锯。

复合斜切锯（图4-81）的规格根据其锯片的直径来分，包括：216mm、254mm 与305mm；无线斜切锯的锯片尺寸为 90mm。最大的锯片可以正切一根 40mm×185mm 或 90mm×140mm 的规格材，或 45°角斜切一根 40mm×140mm 或 90mm×90mm 的规格材。它可以向左右两侧倾斜，并斜切出利落的切口。此外，斜切锯配套的滑动靠栅可为大规格材料提供良好的支撑。

图4-81　复合斜切锯

滑动复合斜切锯（图4-82）拥有强大的切割能力。它能以 90°角切割一根 40mm×380mm 的规格材，或 45°角切割一根 40mm×285mm 的规格材，其操作顺序如下：

（1）把工件向背部的靠栅紧压；

（2）把锯片完全抬起；

（3）按下开关启动锯片；

（4）稍作等待，直到锯片达到最大转速；

（5）压低锯片；

（6）向靠栅方向推动锯子，并切割工件。

为了切出利落的切口，可先把锯子降低到工件表面切出 3mm 深的浅痕，然后再一切到底。

保证斜切锯良好运转的要点包括：

（1）保持锯片锋利；

（2）活动部件足够润滑；

（3）锯片护罩正常工作，以及工件有良好的支撑。

斜切锯通常会有厂家配套的工作台（4-83），但很多施工人员都使用自做的工作台。有些施工人员喜欢将斜切锯放在地上操作，但是使用工作台的切割效率与精确度更高。较好的做法是将作业的高度调到使操作者不需弯腰，如此即可减少操作者的疲劳度，从而提高工作效率。

新型号的切斜锯还带有工件夹具和激光切割定位装置。

图 4-82　滑动复合斜切锯　　　　　　　图 4-83　斜切锯工作台

复 习 题

1. 17.523m 等于多少 mm?

A. 1.7523mm　　　　B. 175.23mm　　　　C. 1752.3mm　　　　D. 17523mm

2. 形状为一个固定三角形的角尺称为什么?

A. 直角尺　　　　　　B. 快速角尺　　　　C. 组合角尺　　　　D. 木工角尺

3. 哪种工具能画出精确的较长直径圆圈?

A. 圆规夹　　　　　　B. 圆规　　　　　　C. 线和钉子　　　　D. 分规

4. 哪种工具可用于将标在木材的角度转移到斜切锯?

A. 直角尺　　　　　　B. 快速角尺　　　　C. T形可调角尺　　D. 木工角尺

5. 确保墙体铅垂的最佳工具是哪种?

A. 铅锤　　　　　　　B. 1.2m 水平尺　　　C. 粉斗　　　　　　D. 木工角尺

6. 哪种工具可在物体表面划出长的直线（长度大于 2m）?

A. 铅锤　　　　　　　B. 1.2m 水平尺　　　C. 粉斗　　　　　　D. 木工角尺

7. 3号内四角头螺丝刀是什么颜色?

A. 红色　　　　　　　B. 黄色　　　　　　C. 绿色　　　　　　D. 黑色

8. 哪种剪可以用来剪切出朝左弧线？

A. 铁皮剪　　　　B. 红色航空剪　　　C. 绿色航空剪　　　D. 黄色航空剪

9. 哪种手锯可用于切割金属？

A. 手锯　　　　　B. 弓锯　　　　　　C. 拉锯　　　　　　D. 钢锯

10. 直角羊角锤的显著特征是什么？

A. 锤头弯曲，锤击面平滑，锤柄短　　　　B. 锤头平直，锤击面平滑，锤柄短

C. 锤头弯曲，锤击面粗糙，锤柄长　　　　D. 锤头平直，锤击面粗糙，锤柄长

11. 木工刮刀与油漆刮刀的区别是什么？

A. 没有刀柄　　　B. 刀柄短小　　　　C. 刀柄可更换　　　D. 弯曲的刀座

12. 哪种码钉枪可用于楼板覆面卷材的安装？

A. 手压式钉枪　　B. 锤击式码钉枪　　C. 敲击式码钉枪　　D. 气动码钉枪

13. 最适合用于测量长度为 2.5m 构件的工具是以下哪个？

A. 直尺　　　　　B. 卷尺　　　　　　C. 手动卷尺　　　　D. 粉斗

14. 哪种工具可以深入木头并卡住钉帽后拔出钉子？

A. 起钉器　　　　B. 扁撬杠　　　　　C. 钳子　　　　　　D. 撬棍

15. 使用电圆锯将 1220mm×2440mm 的 OSB 切割成 100mm 的木条时，最好的辅助工具是什么？

A. 快速角尺　　　B. 靠栅　　　　　　C. 木工角尺　　　　D. 电圆锯夹条

16. 哪种锯可用来切割钉子，从而移动已立起的墙体龙骨柱？

A. 电圆锯　　　　B. 曲线锯　　　　　C. 往复锯　　　　　D. 钢丝锯

17. 操作台锯时什么时候需要使用推把？

A. 当木纹与锯片平行时　　　　　　　　B. 当木纹与锯片垂直时

C. 当切割的工件窄于 125mm 时　　　　　D. 当切割的工件窄于 250mm 时

18. 使用台锯横切出同样长度的木条时，最好的辅助工具是什么？

A. 靠栅　　　　　B. 推把　　　　　　C. 角度尺　　　　　D. 限位块

19. 哪种工具最适宜用来切割室外转角线条？

A. 台锯　　　　　B. 电动斜切锯　　　C. 雕刻机　　　　　D. 曲线锯

20. 使用斜切锯时，下列哪种方法可以切割出光滑完整的表面？

A. 根据激光线来切割　　　　　　　　　B. 首先切入木件表面 3mm

C. 当锯片半速转动时切割木件　　　　　D. 使用夹件固定住木件

教学单元 5

施工步骤

5.1 轻型木结构房屋施工步骤

建造房屋是一个比较复杂的系统工程，应当对每一施工阶段进行系统规划、有效组织并合理实施。

通常，各个施工阶段之间具有严密的传承关系，每一施工阶段的顺利程度一般取决于前一阶段的完成情况，但有时也可有 2 个或多个施工阶段同时进行，以缩短工期。

本部分尾处以在加拿大建造一幢 $160\sim200m^2$ 房屋为例，对每个施工阶段所需时间进行了归纳。在实际工程中，施工进度往往会受建筑物面积、复杂程度、施工人员的技术水平和构造差异的影响。掌握建造木结构房屋的知识和经验，对于确保施工进度和质量具有直接的作用。

从目前在中国进行的一些木结构项目中可以看出，中国施工人员的技能已经相当娴熟，已经接近有多年木结构建筑施工经验的国家和地区的水平。

一般来说，木结构房屋的建造主要有以下过程：

1. 前期准备

该阶段的主要任务是：规划设计、筹集资金及获取各种工程许可证。不同地区、不同发展水平和不同房屋类型的设计规划、材料和成本估算、资金筹集，以及获取各种必需的许可证和其他审批文件所需的时间各异，有时可能会耗时数周甚至数月。正因为如此，建造一栋典型的木结构房屋的工期一般并不包括前期准备所需要的时间。

场地规划的任务是确定房屋在建筑现场的拟建位置。对于单体设计相同的住宅区场地规划选择余地较少，故无需多少时间。建筑布局主要应满足防火、日照、交通及疏散等要求。对于较为开阔的场地和按客户要求设计的房屋，房屋的位置确定应充分利用阳光和主导风向的资源以利于节能，同时良好的排水功能和景观视野也是需要考虑的重要因素。

2. 现场放样

首先应根据规划和设计图纸在施工场地实施定位放线，标记建筑物的位置和高程，以便地基的开挖和基础施工。在这一阶段，合理的布置比精度更为重要。对于所要开挖的区域，必须矫正对角线尺寸，以保证所开挖区域方正。

3. 地基开挖

地基开挖可在现场放样后立刻进行。开挖的深度要参照设计图纸，且满足排水要求。基础和基础底板（若需要的话）的开挖区域应平整，并在其周边为排水留 1m 的作业空间。另外应保证基础下的土壤为原状土，否则应采取包括夯实在内的一些必要措施。

开挖所需时间因建筑物的大小、地基的土质状况、地沟开挖量和对各种预埋设施要求的不同而不同。如果遇到软土地基或地下水位较高的状况，必须考虑其他的解决办法，否则可能会耽误工期。施工监理通常会要求对这一阶段的施工进行验收，并可能需

图 5-1　准备项目图纸

要岩土工程师提出相应的建议。

4. 基础、基础墙与基础底板

基础施工所需的时间通常取决于基础的类型。基础一般由钢筋混凝土材料的基脚和基础墙组成（图 5-2）。基础施工通常分为 2 个阶段。但对于单块现浇混凝土筏板基础来说，则可作为一项作业来完成，这种基础施工所需的时间也相对较少。对于砌块或砖基础来说，所需的时间可能会较长一些。

图 5-2　混凝土基础

在中国，特别是在地下水位较高或排水不畅的地区，一般会在基础墙上设置架空混凝土板作为首层楼板，而非使用木质楼板。这种混凝土板可以是预制的，也可现场浇筑成型，下方一般是通风的爬行空间（通风架空层）。除了基脚加基础墙的基础做法，还有一种做法是将整体式的基础板直接浇筑于地面并对需要提供更大基础承载力的部分进行加厚处理。常用于地下水位高、土壤排水不畅和地震高发地区。

基础施工的主要步骤是：

（1）基础的放线水平校准；

（2）搭设混凝土模板；

（3）预埋水电管线；

（4）绑扎钢筋；

（5）浇筑混凝土；

（6）找平并安装锚栓；

（7）混凝土养护；

（8）拆除模板。

基脚和基础墙的所有尺寸及平整度应精确。尺寸不准确的基础将极大地影响建筑物结构的规整和水平度。浇筑混凝土墙之前，监理应对整个地基基础进行验收。

接下来的作业包括实施基础墙外部的防潮和防水构造，基础墙周边和其他排水系统的安装，以及对基础墙的土方回填。基础墙土方的回填必须在混凝土具有一定强度后进行。基础和排水性能的验收通常在回填之前进行。

地下室地面混凝土板的浇筑在铺设砾砂层和防潮层、布置地下室排水系统和埋设钢筋之后进行。在有地下室和架空层的情况下，混凝土板的浇筑在木结构结构框架建造的前后进行皆可。在木结构框架建造后进行浇筑的优点是混凝土板的浇筑可不受气候干扰，但不利之处是混凝土的搅拌、运输和浇筑受到空间限制。

基础和混凝土板施工进度取决于建筑物的大小、土质和施工现场的情况（包括排水、基础和混凝土板的类型等），一定不能因赶进度而牺牲质量。基础必须严格按照技术标准建造，因为其决定了上部木结构框架结构的质量，基础属于隐蔽工程，一旦建造好就不可再改变。

更多关于基脚、基础墙和混凝土板（包括整体浇注混凝土板）的知识参见第6.1节。

5. 框架建造

在中国许多地区，木框架通常搭建在架空式混凝土底板、整体浇筑混凝土底板或混凝土地板的基础墙上。底板为首层墙体的建造提供了施工平台。防腐处理的地梁板通过锚栓锚固于混凝土板（或基础墙），构成木结构框架与基础墙的连接。要求在地梁板和混凝土板之设置防潮层。

另外一种施工方法是，直接将经防腐处理过的地梁板（加防潮层）锚固在基础墙的顶部。地梁板之上是木结构搁栅，搁栅横跨楼层空间（中间按支撑要求设置梁或承重墙）。搁栅顶部覆以木基楼面板形成第一层木结构楼盖系统，并为第一层墙体的建造提供作业平台。

随后即可利用混凝土底板或木结构楼板作为作业平台，平放拼装外墙和内墙结构，拼装好之后即可立起就位并安装固定（图5-3）。在上层楼盖或屋盖的建造之前，应利用第二层顶梁板将本层各墙体彼此连接。如有更多的楼层时，只要重复第一层的建造步骤即可。屋盖在和顶层墙体连接后，方可覆盖屋面板。屋盖通常使用工厂预制的木结构桁架。也可用屋脊板和木椽条来建造屋盖，但其建造速度往往要比使用桁架慢得多。复杂的屋盖结构可能同时采用桁架和椽条体系。

图 5-3   搭建木框架

木结构框架的施工通常还包括楼梯建造以及在楼梯周围确保安全的临时扶手安装。在结构框架完成后应立即在屋面板上设置防水层、泛水材料与屋面瓦，以保证整体结构不受雨水侵袭，这一点非常重要。檐底板、天沟和落水管排水系统的安装可以在此阶段进行，或在外墙装修之后进行。与主体建筑物相连的经防腐处理的木结构露台，通常在主体结构完工后建造。

木结构框架建造的分工组织因地而异。周密的计划安排，对员工进行专业知识、技能培训以及正确的施工步骤和质量监督措施都是需要考虑的因素。

轻型木结构房屋框架建造工期取决于建筑物的大小、施工人数的多少、设计的复杂性、天气情况以及电力供应等许多因素。

采用工厂预制构件会比现场组装节约工时。对木结构构件进行工厂化预制，在许多国家都较为普遍。工厂预制的范围可包括搁栅和过梁的预切割；桁架、楼梯的预制以及墙体（有开口和无开口两种）的预制。构件在工厂预制后再被运至施工现场安装。

6. 门窗

门窗的安装可以由木结构框架施工人员、木工或者专业人员负责实施（图 5-4）。一般是用钉子或螺钉将外门和窗通过钉连接方式和结构框架连接在一起，另外还必须安装五金件。使用成套的预装门会简化五金件的安装过程，提高施工效率。

7. 水电设备

水电设备的前期安装工作可紧接在木结构框架完成之后进行。风管、水管和电线的安装必须尽量保证不破坏木结构框架的整体性。墙骨柱、顶梁板和底梁板、搁栅和梁上所允许的开槽和钻孔的最大尺寸要求，应符合规范《木结构设计规范》GB 50005—2003 第 9 章的有关规定。

用作结构构件的工程木产品中开槽和钻孔的尺寸应根据产品说明确定。水电设备初

图 5-4　安装窗户

步安装完成后需进行验收。在此阶段，住宅内所需安装的水电系统包括：

（1）暖气炉和热水炉，燃气和废气管道；

（2）建筑物内空气循环管道；

（3）制冷设备；

（4）热泵；

（5）用于浴室以及其他潮湿区域的专用排气扇；

（6）暖气或能量回收的新风系统；

（7）供水管接头到卫浴设备的上下水管道系统；

（8）浴缸和淋浴房；

（9）燃气管线；

（10）电力、加热、烟雾探测器、保安系统的配线；

（11）电话线和电缆线。

管道的安装一般比配线早，但上述的多项作业一般可以同时进行。

8. 外部装修：

（1）屋顶和外墙

屋面覆盖材料应在屋面板铺设完成后立即安装，以避免或尽量减少内部结构暴露于自然界的时间。如木构件表面偶尔受潮或有少量雨水，并且很快干燥，一般没有大碍。因此应根据设计要求，在屋面板上尽快铺放防水卷材，并且应在建筑物构件交界处以及屋檐檐口安装泛水板。屋面材料的选择包括玻纤沥青瓦、黏土瓦、混凝土瓦以及各种形式的金属屋面材料等（图 5-5）。

建筑物外墙应安装防潮层（如呼吸纸），以抵抗风和雨的侵袭。在墙体开口处的上方应设置泛水，有些泛水还会装在窗体之下。在多风雨的地区，我们推荐使用防雨幕墙系统。

理想状态下，外墙外饰面应在填充外墙保温材料和室内装修完成之前进行，以保证外界的潮气不会进入并滞留在墙体的空腔里。不过，这在很大程度上取决于工程进度。

图 5-5　安装屋面瓦

实际工程中，由于各种原因，外墙装饰的施工往往晚于保温材料和室内装饰的施工。但不管情况如何，应确保防潮层在保温材料和石膏板墙安装前一定到位，防止水分在墙体空腔内滞留，并减少由此引起的保温性能的降低。

外墙外饰面材料包括灰泥涂料、瓷砖、石材、木挂板或 PVC 挂板。门窗及其他开口周围的缝隙，应使用专用填缝材料处理。门窗及其他装饰线条的上色、上漆也应在此阶段完成。

（2）保温层、气密层及防潮层

外墙墙体和阁楼的空腔内应填充保温材料。通常可用玻璃纤维或矿棉材料填充，材料可以是块状，填充至墙体或阁楼空腔，阁楼空腔也可以吹入絮状保温材料。

在寒冷地区，水气主要运动方向是从内向外，因此应在外墙的内侧，石膏板后方安装聚乙烯薄膜，以阻挡建筑物内的水蒸气进入墙体空腔。聚乙烯薄膜也可起到气密层的作用。另外应特别注意所有开口处的密封（例如电气盒和窗框架周边的开口），确保所有开口处有一个连续的密封层以阻挡湿空气进入墙体空腔。

在湿热气候类型或者混合式气候下，情况又有不同，此类气候条件下，水气传播方向主要为从外向内，所以水蒸气阻隔层应铺设在外墙的外侧。如此，一方面可阻挡来自室外的水气进入墙体空腔，另一方面还可以使空腔内可能存在的水气向较干燥的室内一侧蒸发。聚乙烯薄膜绝不能安装在外墙靠室内一侧，因为这将严重影响上述的水分干燥过程。

根据施工进度及构件类型，水蒸气阻隔层的安装在外装施工前、施工中、施工后均可进行。但矿棉类保温隔热材料不应暴露于风雨环境中，否则其保温性能会大大降低，因此最好先安装防潮层。

9. 内部装修

在油漆、安装橱柜及卫浴设备之前，需完成房屋内部的装修。内部装修包括：

（1）吊顶和墙面板的安装（通常为石膏板）；

（2）石膏板（包括吊顶）表面处理室；

（3）内房间和储藏室门的安装；

（4）门窗室内线条的安装；

（5）木质、PVC、复合材料地板、瓷砖或地毯等地板材料的铺设；

（6）楼梯与扶手的安装；

（7）踢脚线的安装。

上述大部分工作可同时进行，工期因选材和细节程度而异。部分内容可参考本书第5.2节。

10. 油漆、橱柜及电气设备

各项作业包括（以住宅建筑为例）：

（1）墙和吊顶的油漆；

（2）硬木地板和楼梯的装饰；

（3）厨房和浴室的橱柜、厨柜台面及防溅板的安装；

（4）上下水管道、电气插座、开关和灯具的安装；

（5）暖气炉、热水炉、通风设备的连接；

（6）炉灶、电冰箱、微波炉、洗碗机、洗衣机和烘干机等电器设备的安装；

（7）冷暖空调的送风回风口的盖板安装；

（8）住宅的最后清理。

上述大部分工序可同时进行，一般需要大约2周时间。该阶段是房屋建造的最后阶段，总验收可以在此阶段完工后进行。

11. 景观施工

景观施工是整个施工过程的最后阶段，此阶段主要包括：建造车道、台阶、人行道、地面、草坪，以及种花草树木等工作。其他作业可能还包括露天阳台及围栏的建造，以及安装植物喷水系统。此阶段一般在房屋主体施工完毕后进行。

12. 施工进度表

表5-1概述了房屋施工各阶段的顺序及所需的时间。

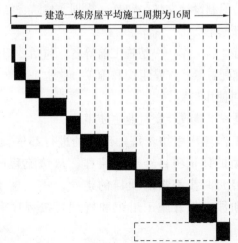

一般民宅的施工时间进度表　　　　　　　　　　　表5-1

注：规划、筹资和许可证以及其他施工前的准备工作所需时间不定，它们取决于施工现场和房屋的特征。

与其他类型房屋相比较，轻型木结构房屋的优点之一是它的施工速度快。多年来加拿大和美国建造木结构房屋的经验，以及近几年来日本和英国大量建造所积累的经验都证实了这一点。

木材本身所具有的特性是上述施工优势的一个极为重要因素。木材轻巧、坚固，这使得木产品在施工现场易于搬运。木材也易切割、锯、刨，加工方便。另外，可以用钉子、螺钉、胶和其他的一些连接方法很快将木材连接在一起。木材可以制成不同类型的产品，也可制成具有特殊性能的工程木产品。

5.2　木结构建筑的建造流程

一个建筑工程项目立项、设计和施工经常是一项既繁琐又费时的过程，木结构建筑也是如此。为了对整个工程过程有一个清晰的认识，我们有必要对整个流程有所了解。不同地区会有不同的具体要求，更详细的信息应该直接从项目所在地的相关管理部门获得。本书就一般的木结构建筑项目作一些介绍，更细致的程序和解决方案还要向当地有关部门征询。

总体来说，在中国建设一个建筑项目，木结构建筑项目的基本工作按照时间先后顺序可分为前期工作、设计过程、施工过程和交付使用等阶段，工作的主要内容如下：

1. 前期工作

主要有3项工作：一是提出项目建议书；二是编制可行性研究报告；三是进行项目可行性评估。

2. 设计过程

主要是编制设计文件，包括：规划、建筑、结构、设备以及其他专项设计文件。

3. 施工过程

主要有2项工作：一是施工前筹备，包括：招投标、制定施工方案、资源筹备、施工基础设施配置等；二是组织和施工，这也是整个建造过程中最重要的一环。

4. 交付使用

主要是竣工验收，交付业主使用。

这些工作环环相扣，每一部分的进行都依赖于前一项工作的完成。图5-6总结了一个典型的建筑项目经历的流程，从该流程图可以看出，项目的前期工作非常繁多，而且每一步都影响项目的走向。进入施工阶段以后，项目逐渐进入确定性比较强的阶段，做好施工组织和管理，按程序和图纸进行施工就可以保证项目顺利完成。

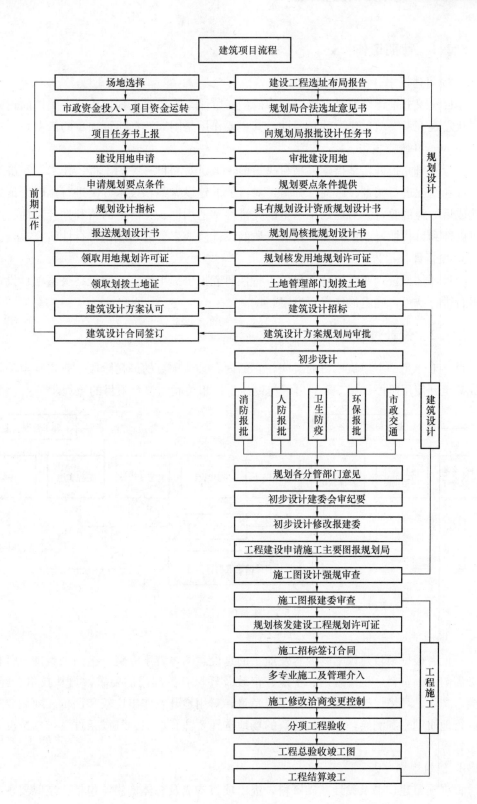

图 5-6 建筑项目流程

5.2.1 前期工作

1. 项目建议书

项目建议书是建设项目发展周期中的最初阶段，需要对工程提出一个整体的轮廓设想，从宏观上考察项目建设的必要性，其主要作用是国家选择建设项目的依据。

2. 可行性研究报告

可行性研究报告，是指建设项目决策前，通过对项目有关的工程、技术、经济等方面条件和情况进行调查、研究、分析，对可能的建设方案和技术方案进行比较论证并预测建成后的经济效益。为达到技术上的先进性和适用性、经济上的营利性合理性、建设的可能性和可行性，业主需要委托有资质的设计院或咨询公司编制可行性研究报告。

3. 项目评估报告

项目评估报告，要对拟建项目的可行性研究报告提出意见，对最终决策项目投资是否可行进行认可，确定最佳投资方案。

5.2.2 设计过程

设计工作是一个建筑项目的灵魂，它的内容会从项目的最初阶段一直贯穿至项目的完成甚至到使用阶段。图 5-7 列出了与设计工作相关联的整个项目的流程。

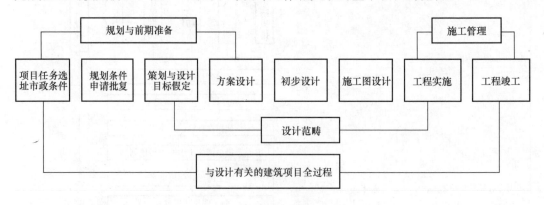

图 5-7　建筑项目设计过程

1. 场地选择

建设者根据项目建议书的内容及业主的建设意图，着手收集、组织、整理、分析设计必需的基础资料，了解规划、土地、市政及环保有关部门的要求，再从技术、经济、社会、文化、环境保护等几个方面综合考量，对用地开发作出比较和评价。随后要对土地进行地质勘察和测绘，木结构建筑的场地选择要注意场地的气候条件、排水情况、有无白蚁等。

2. 建筑规划

根据项目建议书及设计基础资料，提出项目构成及总体构想，包括：空间要求、空间尺度、空间组合、使用功能分析、环境保护、结构选型和体型、立面方案。设备系统、建筑面积、工程投资、建筑周期的一个完整的实施工程计划等，为进一步发展实现设计提供依据。此设计前期策划是设计师业务的前半部分工作，这部分工作有时候也会由业主请专业的策划或管理公司来担当。在这个阶段，就要对主体结构形式作出抉择。

3. 方案设计

方案设计的主要内容一般包括：总平面布置、建筑功能与建筑空间、建筑风格与环境、结构选型等。木结构建筑有自己独特的风格和做法，应该充分考虑这些特点，将木结构建筑的特色和优势在方案设计阶段体现出来。建筑设计方案完成后应报规划及相关部门审批，通过后方可进行下一步的设计工作。

4. 初步设计

初步设计是在方案设计基础上的技术性设计，但设计深度还未达到施工图的要求，小型或简单的工程可以不必经过这个阶段而直接进入施工图设计阶段。初步设计的文件应由具有相应资质的设计单位提供，设计文件通常包括：建筑、结构、强弱电、给水排水、暖通等各个专业的说明、资料和图纸等。对于木结构建筑，防火分区、构件耐火等级、结构件布置等这些问题都要在这一阶段表达出来。初步设计的图纸在设计单位各专业协调一致的基础上，会提交给审图机构，由审图机构给出初步的审图意见，以指导施工图设计。

5. 施工图设计

施工图需要表现工程项目总体布局、建筑物的外部形状、内部布置、结构构造、内外装修、材料做法以及设备、施工工法要求等。施工图要求图纸齐全、表达准确、内容详尽、要求具体，是指导工程施工、预算和管理具有法律意义的依据，也是进行技术管理的重要技术文件。木结构建筑的施工图通常包含建筑施工图、结构施工图、给水排水施工图、采暖通风施工图及电气施工图等。完成的施工图需要提交给专门的审图机构进行审图。最终，施工图将报送当地建设主管部门以取得建筑工程施工的有关批文，然后进行施工的招投标并签订施工合同。

建设单位报请施工图技术性审查的资料应包括以下主要内容：

（1）作为设计依据的政府有关部门的批准文件；

（2）审查合格的岩土工程勘察文件（详勘）；

（3）全套施工图纸（含计算书并注明计算软件的名称及版本）；

（4）审查需要提供的其他资料。

施工图技术性审查应包括以下主要内容：

（1）是否符合《工程建设标准强制性条文》和其他有关工程建设强制性标准的要求；

（2）结构设计的安全性；

（3）是否满足规范要求的防火分区和耐火等级要求；

（4）是否符合环保要求和公众利益；

（5）施工图是否达到规定的设计深度要求；

（6）是否符合作为设计依据的政府有关部门的批准文件要求。

6. 配合施工的技术服务

为了让设计意图得以贯彻实施，使施工人员能够按照设计图纸要求进行施工，设计人员往往需要在施工的各个阶段为施工企业提供有关的技术支持和服务，这些工作主要包括：

（1）协助业主进行施工前准备工作；

（2）施工方进场前进行设计交底；

（3）对正在施工的项目进行阶段性的验收；

（4）对施工方选用的材料进行设计确认；

（5）处理技术洽商与设计变更；

（6）竣工验收。

5.2.3 施工过程

1. 施工准备

从设计完成到正式开工之前，还有许多工作要做。主要是：

（1）施工图通过审图机构和建委的审批，取得建筑工程规划许可证；

（2）根据图纸制定预算并进行施工招标，确定总承包方；

（3）申请并取得施工许可证；

（4）现场准备，搭建临时设施，现场供水供电等；

（5）由业主召集设计、施工、监理企业人员召开图纸交底会，共同对图纸提出疑问并进行解释。

2. 进行施工

一个木结构的建筑项目从开始施工到施工完成需要经过多次的不同方面、部位和阶段的验收，每一步的验收都关系其他施工环节或影响整个工程。一般来说，主要的验收工作有以下几个：

（1）地基开挖和验槽：组织地勘单位以及设计院进行现场验收，确定基础定位放线等已达到规划与设计的要求。

（2）基础施工和验收：设计单位对基础完成情况进行现场验收。如果木结构部分由其他分包施工，木结构施工队伍应对完成基础的尺寸、平整度以及预埋件等进行验收并完成移交。

（3）主体结构施工和验收：设计单位及当地的质量监督站对结构主体的完成情况进行现场验收，验收合格，方可进行下一步施工。

（4）隐蔽工程验收：设计单位对建筑的管道、电、设备等隐蔽工程进行验收后，才可以封石膏板和进行下一步的装饰工程施工。

（5）初步验收：建筑完成后，业主、施工方、设计方、监理和其他相关各方将针对已完成的建筑进行初步验收。各方对建筑工程的整体完成情况提进行检查，对存在的问题提出意见。对发现的问题，应在初步验收的会议上确定解决方案，并在竣工验收前完成整改。

（6）消防验收：木结构工程的消防验收很关键。虽然木结构工程有国家和地方规范参照，但是由于许多地方的消防局对于现代木结构技术还比较陌生或持慎重态度，有时会对木结构消防验收工作提出更高的要求。在整个项目进行过程中，要主动与当地消防局沟通，充分听取意见，并对其疑问进行解释和说明，对存在的问题认真进行整改。建筑主体和消防设备通常是消防验收的两个方面。对于建筑主体，主要检查建筑的防火分区、建筑间距、疏散通道、材料及构件耐火等级是否达到要求；对于消防设备，这部分工作一般由具有专业消防工程施工资质的企业完成，主要包括消火栓、消防喷淋、报警系统、防火门等设施的配置情况。消防验收在一个项目中是比较独立的一个验收项目，但是它却非常重要，关系到建筑的竣工和日后使用。

（7）竣工验收：竣工验收是整个项目完成的一个标志性节点。在整个项目之前的各部分、各阶段的验收都通过之后，就可以组织所有项目参与单位，包括业主、设计方、施工方、监理方以及当地质监站进行项目的综合验收。在竣工验收前，注意要先进行施工现场的各方自检，对之前存在的问题进行彻底的整改。另外准备好竣工验收所需的各项资料，做好竣工验收前的准备工作。因为有过一次初步验收的预检查，如果能在正式竣工验收前把各项问题都处理好，竣工验收的通过率一般是可以保证的。

3. 施工资料和后期工作

（1）施工资料：可分为施工质量保证资料、技术资料、安全资料；它包含了整个建筑物施工开始到结束所产生的文件内容，是施工全过程的记录文件，如联系外单位（建设、设计、勘察、监理等）的文件；记录工程的质量、技术及安全等情况（包括新工艺应用、原材料检测、检验）；保存施工时的安全信息和安全纠正内容（安全方案的编写、安全教育等）。施工资料的准确和完整对于整个项目的进行至关重要，不仅影响每一步和最后的竣工验收，还关系到施工后的项目决算等内容。根据资料分类不同，业主、施工方、监理都各自记录和保存部分施工资料，最终，这些资料将汇总到一起，形成完整的资料，连同竣工图纸一起到当地城建档案馆备案。

（2）后期工作：在完成竣工验收后，还有一些与施工过程相关的后续工作非常重要。首先，要针对已完成的项目进行最后的决算，决算的依据就是竣工图和施工签证资料。其次，要进行整个项目的移交，施工方应该制作整个工程项目的使用手册，便于业主了解整个建筑使用中的维护方法。最后，项目的资料要送至当地城建档案馆备案，然后办理产权登记手续。

5.2.4　使用过程

根据房屋功能和使用性质的不同，建设好的房屋会有不同的交付使用方法。商品房应在竣工后领取《商品房预售许可证》，制定销售、宣传、广告等计划，与用户签订商品房销售合同或租赁合同，并落实好物业服务。如果是公共投资的项目，使用者应配备专门的管理人员负责建筑的维护与设备管理等工作。在项目移交时，施工方应对业主的专门管理人员进行说明，使其了解整个建筑以及内部设备的使用和维护方法。

业主与承包方签订的施工合同中，都会约定房屋保修的范围和时间期限，对于在保修期间房屋出现的问题,应及时联系施工方进行解决。房屋的安全是责任终身制。在使用年限期间,如果由于质量问题发生事故,将依法对责任主体,包括开发商、设计方、施工方、监理方以及地方审批部门追究责任。房屋在使用过程中应遵守原设计所规定的使用范围和要求,不额外增加建筑荷载;保证消防设备的有效工作;不对房屋进行影响结构性能的改造;依照使用手册对房屋进行定期的维护。违反上述任何要求都会影响建筑的正常使用。

复 习 题

1. 以加拿大建造一幢 $160\sim200m^2$ 房屋的经验为参考,基础和基础底板的开挖区域应在其周边为排水留多大的作业空间?

A. 1mm   B. 1cm   C. 1m   D. 10m

2. 基础墙土方的回填必须在什么时候进行?

A. 基础验收前   B. 排水性能验收前

C. 混凝土适当养护前   D. 混凝土适当养护后

3. 一个复杂的屋面结构采用哪种体系合适?

A. 桁架   B. 椽条

C. 同时采用桁架和椽条体系   D. 随意

4. 湿热气候类型或者混合式气候下,水蒸气阻隔层应铺设在哪里?

A. 外墙的外侧   B. 外墙的内侧

C. 内墙的外侧   D. 内墙的内侧

5. 内部装修不包括以下哪种?

A. 墙面板的安装   B. 燃气管线的安装

C. 储藏室门的安装   D. 地板的铺设

6. 木结构建筑项目评估是属于以下哪个阶段的工作?

A. 前期   B. 设计过程   C. 施工过程   D. 交付使用

7. 编制可行性研究报告是属于以下哪个阶段的工作?

A. 前期   B. 设计过程   C. 施工过程   D. 交付使用

8. 如果是想选用木结构,应在以下哪个阶段就要有所考虑?

A. 建筑策划   B. 方案设计   C. 初步设计   D. 施工图设计

9. 建设单位报请施工图技术性审查的资料应不包括以下哪个内容?

A. 作为设计依据的政府有关部门的批准文件

B. 审查合格的岩土工程勘察文件

C. 全套装修计划

D. 全套施工图

10. 对于建筑主体的消防验收,除了检查建筑的防火分区、逃生通道、构件耐火等级是否达到要求外,还需要检查哪个部分?

A. 建筑间距   B. 建筑高度   C. 建筑平面   D. 建筑外观

教学单元6

基础

6.1 混凝土基础

根据木结构建筑空间构成的不同，混凝土基础有三种基本形式：全地下室、半地下室（或架空层）和地面混凝土底板。

6.1.1 全地下室

在寒冷气候地区，有必要将基础最深处建于冻土之下，基础墙高通常大于等于 2m。基础墙围成的空间可以用做使用空间，而且节省土方量，经济性好。因此带有地下室的房屋在寒冷气候地区比较普遍，而气候温暖的地区则比较少见。

图 6-1 已完工的基础

全地下室的施工首先是将地基开挖延伸至地下 1～2m 的原状土，然后在地基周边浇筑基脚，在基脚四周铺装排水瓦管系统和砾石排水层。之后建造基础墙并在基础墙上铺设耐久性的防水膜，再用砂或砂土回填基础。在回填土上相继铺上不透水黏土层、表土层，最后用草覆盖。基础周围地面必须由基础向外放坡，坡度不小于 6°，以便将水自然排离建筑物。基础顶部必须至少高于室外地面 300mm。

6.1.2 架空层

有些情况下木结构建筑也会使用架空层基础类型，这时需要在地面上铺设防潮层以保护上方的木材，同时在架空层安装通风系统以避免木材霉变。此外，应避免昆虫及小动物经通风孔进入架空层从而对建筑形成威胁。在寒冷气候地区，对于建造在一层楼板下方的架空层，最好进行保温和采暖处理。由于空间狭小，技术人员在架空层内部安装机械设备极为困难，因此寒冷气候地区架空层的建造已经越来越少。

图 6-2　架空层

6.1.3　地面混凝土底板

地面混凝土底板也是一种常见的基础类型。为确保底板下方的地基土足以支撑上层结构，建造前需要咨询岩土工程师并进行地质勘察。

一种是带墙基的混凝土底板（图 6-3），基脚的建造深度应至原状土，然后在底板上浇筑混凝土基础墙或者混凝土墩。用原土壤回填基础墙内部区域，再铺上 150mm 厚直径约 19mm 的砂砾，并用平板振动夯压实（图 6-4）。这样不但为底板的浇筑提供坚实的底部，也可以阻止地表潮气通过毛细作用进行扩散渗透。在浇筑混凝土前，先在整个基部铺设防潮层，以阻止地面潮气渗透进入房屋。放置钢筋或焊接钢丝网，后浇混凝土，形成一块完整的钢筋混凝土底板。

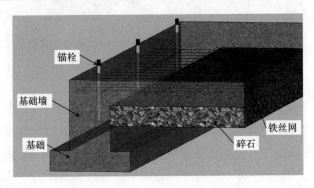

图 6-3　带基脚的混凝土地板

另一种混凝土底板的建造方法是先挖开 200mm 深的表层土，然后在建筑四周为基脚挖出 600mm 宽和 600mm 深的基坑。在整个开挖空间填上约 300mm 厚的砂砾（直径 19mm 大小），并夯实达到工程要求（图 6-5）。图 6-6 是整体浇筑型混凝土底板的模板工程示意图。当建筑位于寒冷地区时，应在基础外侧设置保温层（图 6-7）。基础四周

图 6-4　平板夯

安装好模板，在砂砾层上安装防潮层，同时铺设钢筋和钢丝网。位于底板的所有水管、线管和暖气管，在浇筑混凝土前都应安装完毕。这种建造方法要求有非常详尽的图纸，包括卫生间和盥洗盆的确切位置。在模板里侧上端钉一根水平条，或者将模板与事先标好水平线的基桩固定，同时在模板上标出锚栓的位置。此时可以同时浇筑基脚和楼面底板，形成整体浇筑式混凝土底板。

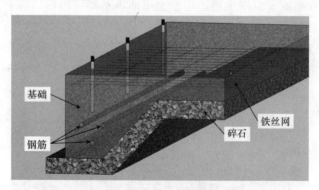

图 6-5　整体浇筑成型混凝土底板

　　如果在基础四周和内墙基础上方安装有混凝土矮墙，仍旧可以安装整体浇筑型混凝土底板的模板（图 6-8）。一次整体浇筑成型的混凝土板是最佳的基础做法，因为分两次浇筑的混凝土无法完全连接，它们之间的施工缝会减弱基础的整体强度。此外，一次整体浇筑可以允许将锚栓预埋在混凝土底板中。

　　通过使用盒状的混凝土模板体系可以浇筑出平整光滑的混凝土表面。用 2×6 的木材做成"模板盒"，可形成 140mm 高的矮墙（图 6-9），盒状模板的外尺寸与房间的内尺寸相同。图 6-10 是带矮墙的整体浇筑型混凝土底板剖面示意图，图 6-11 是矮墙模板节点构造示意图。

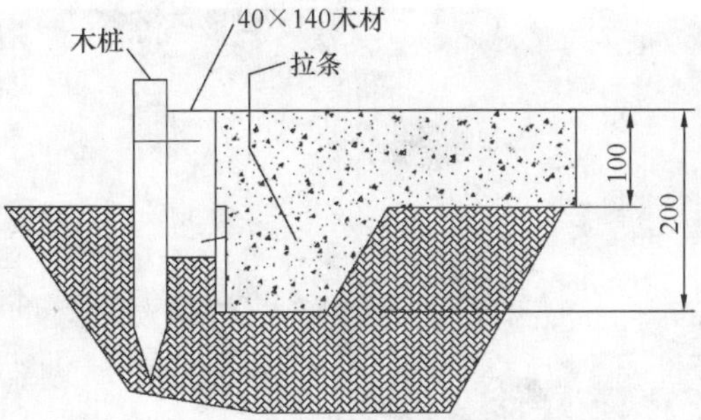

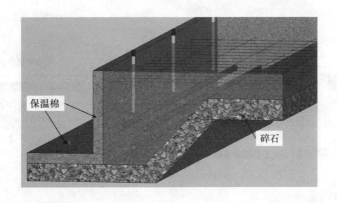

图 6-6　整体浇筑型混凝土底板的模板工程

图 6-7　寒冷地区的整体浇筑混凝土底板

图 6-8　整体浇筑的混凝土底板

图 6-9 基础上的矮墙

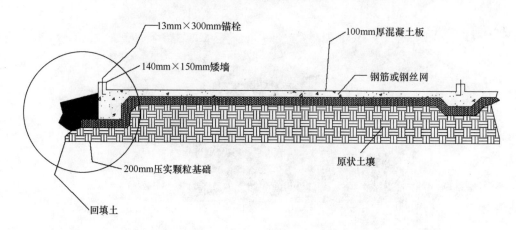

图 6-10 带矮墙的整体浇筑型混凝土底板剖面

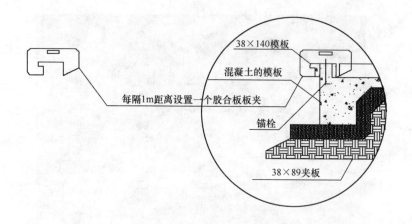

图 6-11 矮墙支模板的节点构造

6.1.4 排水

建筑竣工后的地面放坡和散水可以用来排走大部分的雨水和地表水，但仍有部分地下水会渗入基础附近的土壤。基础墙渗漏的现象最可能发生在长时间持续的雨季或融雪时期。

基础附近的地下水通常是通过沿基础底部外沿预埋的多孔管道排入排水系统，并最终将水排入暴雨排水管、排水渠或干井（图6-12）。多孔排水管表面应由过滤网格布包裹，上侧由砾石层覆盖。

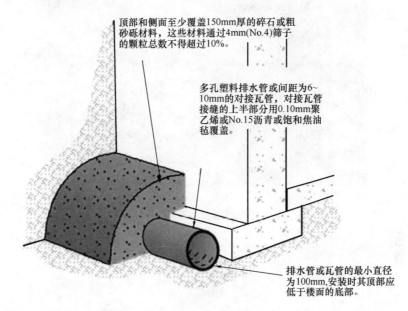

顶部和侧面至少覆盖150mm厚的碎石或粗砂砾材料，这些材料通过4mm(No.4)筛子的颗粒总数不得超过10%。

多孔塑料排水管或间距为6~10mm的对接瓦管，对接瓦管接缝的上半部分用0.10mm聚乙烯或No.15沥青或饱和焦油毡覆盖。

排水管或瓦管的最小直径为100mm，安装时其顶部应低于楼面的底部。

图 6-12　基础底部排水

在土壤排水性差或高水位的地方，必要时可能需要安装特殊的排水系统或污水泵。

6.2　木结构与基础的连接

连接木结构和基础的主要木质构件叫做地梁板。地梁板直接支撑在基础墙上，最小尺寸为40mm×90mm。由于地梁板长期与潮气接触，故需使用防腐木。锚栓把地梁板和基础连接在一起。锚栓的直径是12mm，一般为L形或J形（图6-13）。多种形状的锚栓可增强与混凝土的锚固力，当旋紧螺母时它们不会发生转动。锚栓在混凝土里的最小埋深是300mm，每根地梁板两端距离端部100~300mm应设有一根锚栓，除此之外中部螺栓设置间距为2m。锚栓伸出基础不小于70mm。

当基础墙或者围护墙比地梁宽时，需要在墙顶事先弹一条墨线，用来标记地梁板的位置。每片地梁板应预切好相应尺寸，通过锚栓锚固于基础。测量弹线位置到每个锚栓中心的距离，贴着锚栓的两边在地梁板上画两条线，用这个距离标记锚栓孔洞的中心并钻孔（图6-14）。为了安装便捷，对于直径为12mm的锚栓，预钻孔应为15mm。在固定锚栓螺母前，需要在锚栓上套一个内径为12mm的垫片。

图 6-13　锚栓

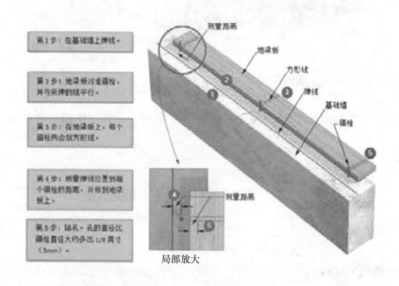

图 6-14　安装地梁板详解

确定好放置地梁板的合适位置后，需要把它取下来，先放置好防潮垫（空气密封垫），必要时还要安装白蚁屏障（图 6-15），然后再安装地梁板。很重要的一点是，在安装结束前，应确保基础墙顶部是水平的（允许误差在不大于±6mm）。如果基础墙顶面不水平，可以通过一些方法修补，如在基础顶面拉水平线作参照，然后用薄砂浆稍作填补。

安装地梁板前的最佳准备步骤是：

（1）清理墙体顶面，在其上按"S"形蜿蜒涂抹隔声密封剂。

（2）在密封剂上按压一层闭孔乙炔泡沫防潮垫。

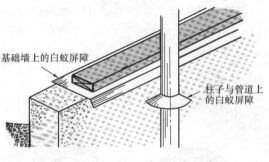

图 6-15　地梁板下方的白蚁屏障

（3）在防潮垫上再次按"S"形涂抹密封剂。

（4）在这层密封剂上放置不生锈的白蚁屏障，白蚁屏障需预先钻好放置锚栓的孔洞。在转角处斜接并包住转角。

（5）在白蚁屏障上涂抹密封剂。

（6）放置预先钻好孔的地梁板，使之穿过锚栓并与密封剂接触用螺母和垫片固定住地梁板，并密封螺栓孔周边空隙（图 6-16）。

如果地梁板之上是楼盖搁栅系统，其封边搁栅及搁栅端部与地梁板都应为斜向钉连接。如果地梁板之上是墙体，则墙体的底梁板要预先钻孔，并与地梁板固定并密封。墙面板下沿应超过底梁板 30mm 并固定于地梁板上（图 6-17）。

图 6-18～图 6-20 是地板梁与基础连接构造的举例。

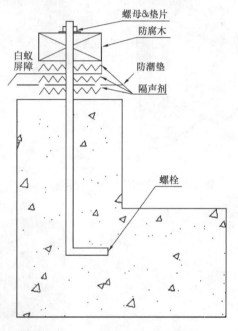

图 6-16　地梁板与基础连接并密封

图 6-17　地梁板紧固到基础上

目前也有其他型号的锚栓，其中有些不需要钻孔。有些锚栓是为了地震带而特别设计的，对于地震荷载有很好的抵抗作用。

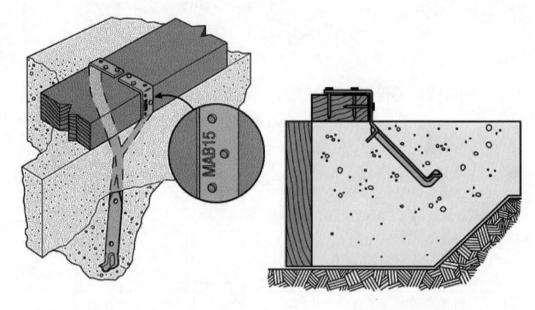

图 6-18　地梁板的抗拔连接构造（一）　　　图 6-19　地梁板的抗拔连接构造（二）

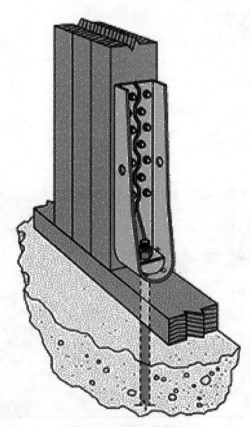

图 6-20　柱脚连接构造

复 习 题

1. 下列哪一项不是在中国做房屋基础的方法？

A. 混凝土架空层基础   B. 混凝土板基础

C. 防腐木基础   D. 全地下室基础

2. 木结构房屋基础高于土层的最小高度是多少？

A. 100mm   B. 125mm   C. 250mm   D. 300mm

3. 混凝土整板基础的下方一般选用什么做支撑材料？

A. 19mm 的砂砾   B. 焊接钢筋网

C. 聚乙烯防潮膜   D. 挤塑聚苯乙烯

4. 木结构墙体和混凝土基础使用什么连接？

A. 锚栓   B. 防腐地梁板

C. 直径 12mm 的钢筋   D. 混凝土钉

5. 门口开洞处的混凝土模板应放置？

A. 模板盒   B. 防水层   C. 垫板   D. 锚栓

6. 白蚁屏障的上下面是什么？

A. 防潮垫   B. 隔声密封剂

C. 隔声密封剂在上，混凝土在下   D. 地梁板在上，防潮垫在下

7. 对于直径为 12mm 的锚栓，应使用多大尺寸的钻头在地梁板上钻孔？

A. 12mm   B. 13mm   C. 15mm   D. 20mm

8. 锚栓的最大间距是多少？

A. 1.2m   B. 1.5m   C. 1.8m   D. 2.0m

9. 锚栓在混凝土基础中的最小预埋深度是多少？

A. 200mm   B. 300mm   C. 400mm   D. 500mm

10. 锚栓至少应高出混凝土基础多少？

A. 40mm   B. 50mm   C. 70mm   D. 100mm

教学单元 7

平台式结构

7.1 楼 盖 结 构

平台式木结构建筑的首层地面楼板可以使用混凝土，也可以与 2 层楼板一样，使用典型的轻型木结构楼盖。楼盖搁栅固定在建筑物基础上方的地梁板上，如需额外支撑，则可选择加梁或承重墙。楼盖搁栅端部的最小支座搁置长度需为 40mm，因此地梁板的最小尺寸为 40mm×90mm。此时，除去楼板封边板的 40mm 厚度，还有 50mm 作为搁栅支座搁置长度。图 7-1 是楼盖系统详图。

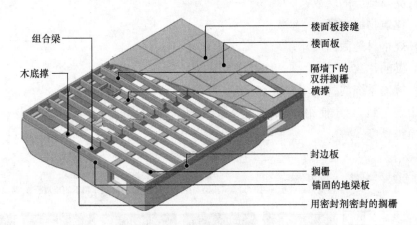

组合梁

木底撑

楼面板接缝

楼面板

隔墙下的双拼搁栅

横撑

封边板

搁栅

锚固的地梁板

用密封剂密封的搁栅

图 7-1 楼盖系统详图

7.1.1 梁

如楼板系统下方需加一道承重墙支撑，其龙骨的最小截面尺寸也应为 40mm×90mm。该墙体的墙骨柱间距应和搁栅一样，且二者错位距离不得超过 40mm。如使用双层顶梁板时，可以忽略上述要求，搁栅可放在墙体上的任何位置。如使用梁，则可选用钢梁、木方梁、组合梁或工程木梁，如：PSL、LVL 或胶合梁（见本书教学单元 6）。

梁的一端可以搁置在基础的梁槽里。梁槽的尺寸不仅需要满足梁的 90mm 最小支座搁置长度，还需保证与木梁的端部与两侧之间留有至少 12.5mm 的缝隙以使空气流通。梁槽深度需使钢梁上沿与基础上沿平齐，或使木梁上沿与地梁板上沿平齐。钢梁顶面会安装一根木梁板，以做固定楼盖搁栅的钉连接衬板之用。例如，一根 3 拼的 40mm×235mm 组合梁所需要的梁槽尺寸为：长（伸入混凝土）102.5mm、宽 14mm、高 195mm。安装梁时必须使用防潮层隔开木梁与混凝土，例如可使用乙炔泡沫防潮垫。图 7-2 是基础木梁及金属梁支座构造的举例。

组合梁的尺寸选用需考虑以下因素：

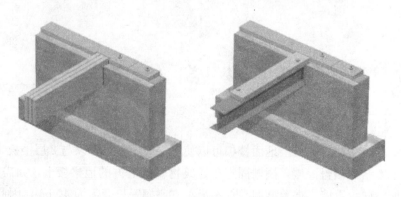

图 7-2　基础木梁与金属梁

（1）规格材的树种和等级；

（2）支撑楼层的层数；

（3）建筑物的宽度；

（4）规格材的截面尺寸；

（5）梁的片数；

（6）楼盖系统的外加荷载值。

利用表 7-1，对于使用Ⅱc 和Ⅲc 等级的 SPF 作为楼面系统，可以选出一根梁并读出它的净跨长度。

楼盖梁跨度　　　　　　　　　　　　　　表 7-1

梁1　　支撑一层楼的梁

楼盖梁　　楼盖恒荷载标准值0.5kN/m²，梁支撑一个吊顶(标准荷载作用下的挠度标准-跨度/250)

最大允许跨度(m)

树种和等级	制作梁的木材层数	40×90			40×140			40×185			40×235			40×285		
		8	10	12	8	10	12	8	10	12	8	10	12	8	10	12
云杉-松-冷杉 Ⅱc和Ⅲc等级	3	1.20	1.07	0.98	1.75	1.57	1.43	2.22	1.98	1.81	2.71	2.42	2.21	3.14	2.81	2.57
	4	1.38	1.24	1.13	2.03	1.81	1.65	2.56	2.29	2.09	3.13	2.80	2.55	3.63	3.25	2.96
	5	1.49	1.38	1.26	2.27	2.03	1.85	2.86	2.56	2.34	3.50	3.13	2.86	4.06	3.63	3.31

梁2　　支撑两层楼的梁

楼盖梁　　楼盖恒荷载标准值0.5kN/m²，梁支撑一个吊顶(标准荷载作用下的挠度标准-跨度/250)

最大允许跨度(m)

树种和等级	制作梁的木材层数	40×90			40×140			40×185			40×235			40×285		
		8	10	12	8	10	12	8	10	12	8	10	12	8	10	12
云杉-松-冷杉 Ⅱc和Ⅲc等级	3	0.90	0.81	0.71	1.33	1.19	1.08	1.67	1.50	1.37	2.05	1.83	1.67	2.37	2.12	1.94
	4	1.04	0.93	0.85	1.53	1.37	1.25	1.93	1.73	1.58	2.36	2.11	1.93	2.74	2.45	2.24
	5	1.17	1.04	0.95	1.71	1.53	1.40	2.16	1.93	1.76	2.64	2.36	2.16	3.07	2.74	2.50

梁3　　支撑三层楼的梁

楼盖梁　　楼盖恒荷载标准值0.5kN/m²，梁支撑一个吊顶(标准荷载作用下的挠度标准-跨度/250)

最大允许跨度(m)

树种和等级	制作梁的木材层数	40×90			40×140			40×185			40×235			40×285		
		8	10	12	8	10	12	8	10	12	8	10	12	8	10	12
云杉-松-冷杉 Ⅱc和Ⅲc等级	3	0.71	0.60	0.53	1.08	0.95	0.84	1.37	1.22	1.10	1.67	1.49	1.36	1.94	1.73	1.58
	4	0.85	0.74	0.65	1.25	1.12	1.02	1.58	1.41	1.29	1.93	1.73	1.58	2.24	2.00	1.83
	5	0.95	0.85	0.77	1.40	1.25	1.14	1.76	1.58	1.44	2.16	1.93	1.76	2.50	2.24	2.04

（1）表 7-1 中梁 1：支撑一层楼盖，建筑物宽 10m，一根 4 拼 40mm×185mm 的组合梁净跨为 2.29m。

（2）表 7-1 中梁 2：支撑两层楼盖，建筑物宽 10m，一根 3 拼 40mm×235mm 的组合梁净跨为 1.83m。

（3）表 7-1 中梁 3：支撑三层楼盖，建筑物宽 10m，一根 5 拼 40mm×285mm 的组合梁净跨为 2.24m。

对于表中未显示的建筑物宽度，可采用线性插值法计算得出净跨度。对于工程木，制造商会指定梁的尺寸。确定梁尺寸之后，应按《木结构设计规范》GB 50005—2003 中第 9.4.3 条规定确认材料接头位置：组合梁中单根规格材的对接应位于梁的支座上；当组合梁为连续梁时，对接位置应位于距支座 1/4 梁净跨附近（150mm）的范围内。边跨内不得有对接。相邻的单根规格材不得在同一位置上对接，在同一截面组合梁的钉连接最小要求如下：2 排钉，钉长 80mm，钉间距为 450mm，钉端距为 100～150mm；如使用螺栓连接，则应使用 12mm 螺栓，螺栓间距 1.2m，螺栓端距不大于 600mm。

图 7-3 为组合梁拼接方式的举例，图 7-4 为组合梁钉连接方式的举例。

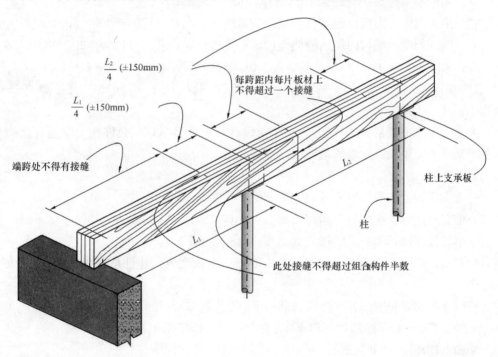

图 7-3　组合梁拼接方式

以下为一个组合梁的例子：

如图 7-5 所示，建筑纵向总长度为 11600mm。

Ⓐ：梁端部的缝隙＝12.5mm；

Ⓑ：梁钉连接端距＝100～150mm；

Ⓒ：梁最小支座搁置长度＝90mm；

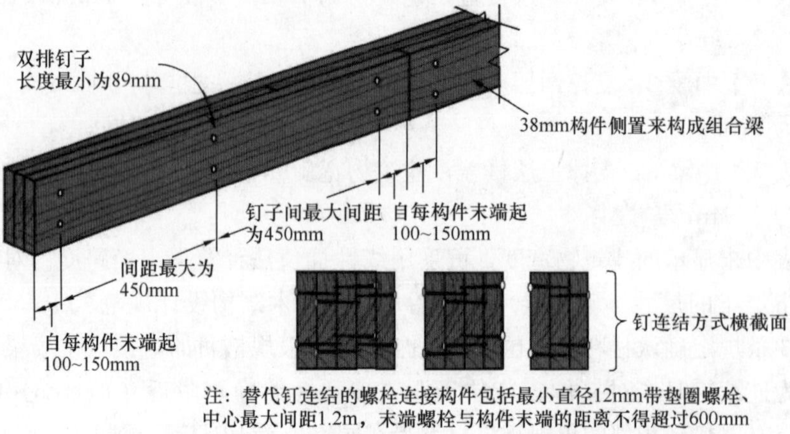

双排钉子
长度最小为89mm

38mm构件侧置来构成组合梁

钉子间最大间距 自每构件末端起
为450mm 100~150mm

间距最大为
450mm

钉连结方式横截面

自每构件末端起
100~150mm

注：替代钉连结的螺栓连接构件包括最小直径12mm带垫圈螺栓、
中心最大间距1.2m，末端螺栓与构件末端的距离不得超过600mm

图7-4　组合梁钉连接方式

Ⓓ：梁最小用钉要求＝2排钉子，钉间距为450mm；

Ⓔ：结构内侧到内侧＝建筑物长度－(2×墙体厚度)＝11600－200－200＝11200；

Ⓕ：梁的长度＝结构内侧到内侧＋(2×梁支座搁置长度)＝11200＋90＋90＝11380；

Ⓖ：梁净跨度 $= 4x + 3 \times (150) = 11200$；$4x = 10750$，$x = 10750 \div 4 = 2687.5$；

Ⓗ：距支座 1/4 梁净跨 $= 2688 \div 4 = 672$；距离柱子 672mm，或者距离基础墙2016mm。

为了确定单根规格材的长度，《木结构设计规范》GB 50005 允许在支座上有接头或者在距支座 1/4 梁净跨附近的范围内(±150mm)。

第1片梁：

←梁支座搁置长度(90)＋3/4 净跨(2016)＝2106≈2170mm；

→梁支座搁置长度(90)＋净跨(2688)＋柱宽(150)＋1/4 净跨＝4944≈4880mm；

↓梁的长度(11380)－(2170)－(4880)＝4330mm；

4880mm 相对于 4944mm，尺寸差在 150mm 范围之内，并且是标准的规格材长度。

第2片梁：

←梁支座搁置长度(90)＋净跨(2688)＋1/2 柱宽(75)＝2853mm；

↓1/2 柱宽(74)＋净跨(2688)＋1/2 柱宽(75)＝2837mm；

↓和上述相同＝2837mm；

→和上述相同＝2853mm。

第3片梁：

←和第1片梁→相同＝4880mm；

→梁支座搁置长度(90)＋净跨(2688)＋柱宽(150)＋1/4 净跨(672)＝3600mm；

↓梁的长度(11380)－(4880)－(3600)＝2900mm。

第4片梁：

数据和第3片一样，但是方向相反。

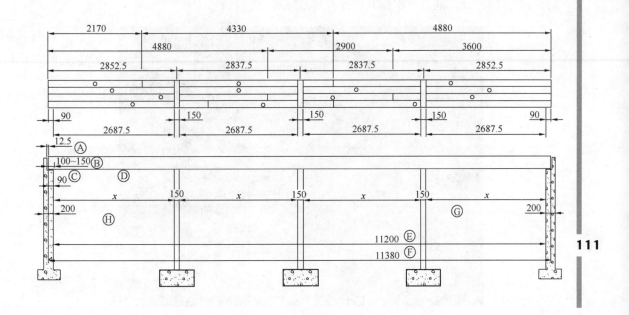

图 7-5 4 片规格材组合梁用来支撑 8m×11.6m 两层房屋

←：左侧接头；↓：中间接头；→：右侧接头

根据表 7-2，选择一根由 4 片 40mm×285mm 的组合梁（净跨度为 2740mm）。

楼盖搁栅跨度   表 7-2

楼盖1	支撑居住单元的楼盖搁栅(活荷载标准值)														
楼盖搁栅	楼盖恒荷载标准值0.5kN/m²，标准荷载作用下的挠度标准-跨度/300														
	最大允许跨度(m)														
	40×90			40×140			40×185			40×235			40×285		
间距(mm)	Ic	IIc/IIIc	IVc/Vc	Ic	IIc/IIIc	IVc/Vc	Ic	IIc/IIIc	IVc/Vc	Ic	IIc/IIIc	IVc/Vc	Ic	IIc/IIIc	IVc/Vc
云杉-松-冷杉 300	1.98	1.94	1.84	3.11	3.05	2.78	4.09	4.01	3.51	5.22	5.12	4.29	6.35	6.23	4.98
400	1.79	1.76	1.64	2.82	2.76	2.40	3.70	3.63	3.03	4.73	4.63	3.70	5.75	5.64	4.30
600	1.57	1.54	1.34	2.47	2.42	1.97	3.24	3.18	2.48	4.14	4.01	3.04	5.04	4.65	3.52

7.1.2 搁栅

一旦梁和地梁板安装就位，下一步即为在它们上方规划布置楼盖搁栅的位置（图 7-6）。选择搁栅规格需参考楼盖搁栅跨度表。在上述例子中，建筑物宽度为 8m。因此，减去 2 片地梁板宽度和梁的厚度，然后除以 2 就可以得出梁两边的搁栅跨度了。

搁栅跨度＝[建筑物宽度（8000mm）－地梁板（2×90mm）－梁厚（4×40mm）]/2＝（8000－180－160）/2＝3830mm

使用 SPF 树种 IIc/IIIc 等级材料，可能会得到 2 种答案，但净跨都是 4010mm；一种是使用 40mm×185mm 规格材，间距 300mm；另一种是使用 40mm×235mm 规格材，间距 400mm。通常可根据具体库存和成本来选择材料。

图 7-6　墙体上的楼盖搁栅

　　规划布置每根楼盖搁栅的位置具体步骤为：从建筑的一边开始测量，并在搁栅中到中间距位置向回 20mm 处（搁栅一半厚度）画记号。楼梯井或其他楼盖开孔结构需在地梁板和梁上同时定位。搁栅间距是由楼面板尺寸决定的，具体见表 7-3。

<table>
<tr><td colspan="4" style="text-align:left">搁栅间距</td><td style="text-align:right">表 7-3</td></tr>
</table>

覆面板尺寸：1219mm×2438mm			
间距：2438mm÷间距的数量			
4	5	6	8
610	488	406	305

　　将楼盖搁栅在梁或墙体上方对接可使布置与安装楼面板的施工最为简捷（图 7-7）。在搁栅对接处需加装一根 40mm×90mm×400mm 横撑以加固接头。安装搁栅时，应在梁上画线定位，斜向下钉，将搁栅钉在梁上。如搁栅下方无支撑，则必需使用金属托架，或在梁侧面加装一根托木。托木尺寸可为 40mm×65mm 或 40mm×40mm，安装时需在每根搁栅下方，都使用 2 根 80mm 钉将托木与梁连接。为防止搁栅在托架中摩擦导致咯吱作响，应在托架上薄涂一层楼面板用结构胶。若使用工程木来做楼盖系统（如工字搁栅），则必须遵循制造厂商的安装说明。

7.1.3　楼盖开孔

　　在楼盖系统做结构施工时，应先做开孔结构。开孔结构的尺寸一般在图纸上标注，

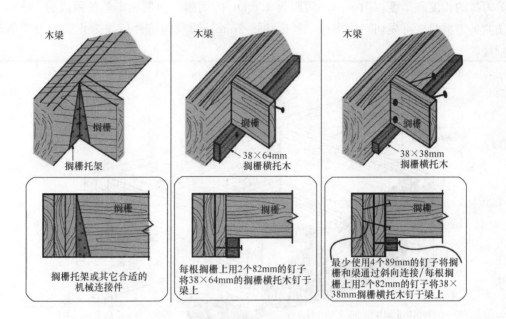

图 7-7 搁栅与梁的连接

也可以通过计算得出。楼梯井两侧与楼盖搁栅平行的搁栅叫封边搁栅，而另外两侧与楼盖搁栅垂直的搁栅叫封头搁栅。《木结构设计规范》GB 50005—2003 中第 9.3.7 条对是否使用双根封头搁栅有明确要求：开孔周围与搁栅垂直的封头搁栅，当长度在 1.2～3.2m 之间时，应用 2 根搁栅。同样，开孔周围与搁栅平行的封边搁栅，当封头搁栅的长度在 0.8～2.0m 之间时，应用 2 根封边搁栅。若开孔的尺寸超出规范规定，则必须通过计算确定，且通常会使用工程木。

开孔结构施工时为确保各连接节点的牢固，需遵循下列步骤：

（1）在画线处，首先放置并固定内侧的封边搁栅；

（2）再使用 5 根 80mm 或者 3 根 100mm 的钉子，垂直下钉，连接外侧封头搁栅；

（3）同步骤 2，将开孔端部短搁栅与外侧封头搁栅连接；

（4）使用 80mm 钉子，间距 300mm，将内侧和外侧封头搁栅固定；随后同步骤 2，垂直下钉将内侧封边搁栅和内侧封头搁栅固定；

（5）最后用 80mm 钉子，间距 300mm，将内侧和外侧封边搁栅固定。

7.1.4 木底撑、剪刀撑与横撑

根据各地规范与设计师要求，可能还需为封头搁栅和端部短搁栅加装金属托架。为防止搁栅扭曲变形，《木结构设计规范》GB 50005—2003 中第 9.3.15 条（附录 N.2 和 N.3）规定：封头搁栅应与楼盖搁栅采用垂直钉连接；楼盖搁栅应与地梁板或梁采用斜向钉连接。此外，如果搁栅跨度大于 2.1m，就需安装连续的木底撑，或安装与楼盖搁栅同高的横撑或者剪刀撑（图 7-8）。木底撑的最小尺寸为 20mm×90mm，剪刀撑的最小尺寸为 40mm×40mm，剪刀撑的两端用 2 根 60mm 长的钉子固定。根据图示来计算

剪刀撑的长度和角度（图7-9）。间距为406mm的搁栅，内侧到内侧的距离为368mm。切割剪刀撑时，可先切一块横撑，长度稍短2mm，再利用该片横撑来找到剪刀撑的切割线。

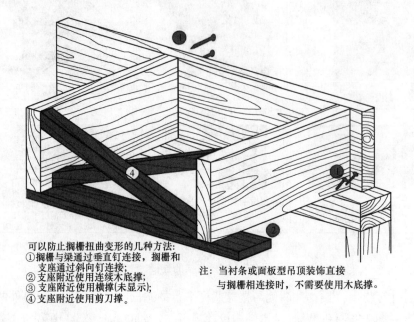

可以防止搁栅扭曲变形的几种方法：
①搁栅与梁通过垂直钉连接，搁栅和支座通过斜向钉连接；
②支座附近使用连续木底撑；
③支座附近使用横撑(未显示)；
④支座附近使用剪刀撑。

注：当衬条或面板型吊顶装饰直接与搁栅相连接时，不需要使用木底撑。

图7-8　防止搁栅扭转

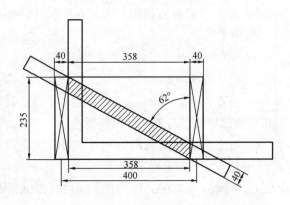

图7-9　剪刀撑的长度和角度

7.1.5　楼面板

楼盖系统结构做好后，下一步就是铺设楼面板。使用的材料通常为15mm厚企口OSB（定向木片板）或胶合板。此时首先需检查封边板是否笔直，楼盖结构是否方正水平，并根据需要来做适当调整。随后的安装应遵循下列步骤：

（1）从墙体向内量 1.22m，用粉斗或墨斗弹一根线，使板边缘可与之对齐，并作为打胶的边界。

（2）打胶前应清理搁栅上的粉尘，一次打胶的量够铺设 1～2 张板即可。

（3）在整根楼盖搁栅上连续打一道胶（宽度约 6mm），表面较宽处应"S"形打胶。

（4）为确保板与板接缝处的 2 张板边沿都能涂到胶水，应在板接缝处下方的楼盖搁栅上打 2 道胶。

（5）安装第一道板，应将板的凸榫边朝向墙体一边，凹槽边与弹的线对齐。安装第二道板时，应用手锤隔着垫木轻敲板边沿使其与第一道板贴紧。凸榫相较凹槽更易受损，因此板的方向应为凸榫朝向墙体，以避免锤子敲击凸榫。最后用钉子安装就位（50mm 钉子，板边钉间距为 150mm，板中钉间距为 300mm）。

（6）在安装第二道楼面板前，应在已铺完的第一道板的板边凹槽里打一层薄胶，一次只打 1～2 张板即可。为防止胶外溢，只需打薄薄的一层（3mm）。

（7）轻轻将第二道楼面板敲打就位，敲击时可用垫木来保护板边凹槽。搁栅间距为 300/400/600mm 时，第二道的第一张板应使用半张板。

（8）安装每一道板都需要错缝。同时推荐在板间留出 3mm 缝隙，包括企口位置（使用小工具来确保空隙精确并始终如一）。

（9）应在结构胶凝固前把钉子都钉好。请遵循制造商的产品说明，保证凝固时间。

（10）如果使用的是表面及板边密封 OSB 板，则只可使用溶剂型胶。

注：某些结构胶产品对潮湿或冰冻的木材有效，但很多产品是无效的，因此最好参照厂商意见。如不确定，则最好等到木材干燥后再作打胶处理。

7.1.6　楼梯和楼梯井

在主体结构施工阶段，通常有必要建造一些楼梯以方便在各个楼层间行走，图 7-10 展示了楼梯的组成。

楼梯的构成尺寸较多，要求也比较精细，在施工时需要仔细计算。

第一个需要的尺寸就是总高度（房间层高），也就是从楼板完成面到上层楼板完成面的高度。然后将总高度除以 200mm（规范允许的最大单位高度，单位高度＝踏步踢面高度），所得数字再取小数点前的整数（不要四舍五入），就是总的踏步数量。再将总高度除以总台阶数量就能得出确切的单位高度。单位高度必须在 125～200mm 之间。比较舒适的单位宽度（踏步踏面）是 250mm，但是这个数字可作适当调整，最小为 210mm，最大为 355mm。而为了安全和舒适，楼梯角度应维持在 30°～38°。每级台阶的级高和踏步宽都应分别保持一致。踏步宽等于单位宽度加 25mm 的踏步口挑檐。

制作楼梯时，应在木工三角尺上找出标准的单位高度和单位宽度，旋紧卡扣，随后使用该木工角尺沿楼梯梁（通常为 40mm×235mm 或者 40mm×285mm）移动，画出楼梯切割线。然后用电圆锯沿线切割，最后用手锯收尾。对于梯段宽超过 900mm 的楼梯，推荐使用 3 根楼梯梁。楼梯的踢板数量会比踏板数量多 1 个。

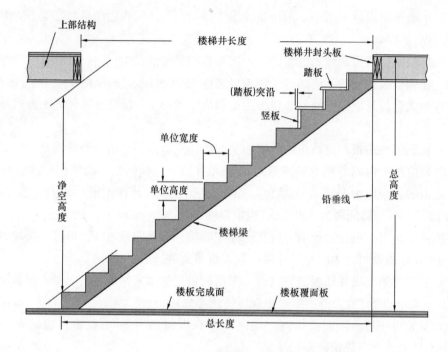

图 7-10　　楼梯的组成

最底部的踢板高度应减去 1 个踏板的厚度，最顶部的踏板应减去 1 个踢板的厚度。在楼梯梁的底部应切一个槽以便放置 40mm×90mm 的挡块，该挡块的作用是确保楼梯梁与楼盖的连接节点足够牢固。用 80mm 钉子把连接挂板（通常为 15mm 厚）和每根楼梯梁钉在一起，然后再固定到楼梯封头板上（60mm 的钉子，间距 150mm），所以顶部一级踏板的表面到楼板完成面的距离就等于单位高度加踏板厚度。安装楼梯的一般顺序为：先安装第一个和第二个踢板，然后再安装第一个踏板，再是第三个踢板；再是第二个踏板，依此类推。每个踢板的下口会固定到下方踏板的背面，而上口会固定到上方踏板的底面。

7.2 外 墙 结 构

墙体结构的基本构件包括梁板、墙骨柱和墙面板。

水平放置的梁板分为顶梁板、底梁板和连接固定相接墙体的 2 层顶梁板。墙骨柱按照固定的间距（300/400/600mm）竖向布置于顶梁板和底梁板之间，两端各用 2 颗至少 80mm 长的钉子钉入梁板。墙面板安装在墙体外侧，确保墙体框架的方正，避免变形；安装墙面板时，应使用 50mm 或 60mm 长的钉子；钉间距的要求为墙面板四周边沿钉间距 150mm，板中钉间距 300mm，钉子穿透墙面板钉入墙骨柱和梁板。墙面板可横向或竖向安装。当墙面板四周全部以 150mm 钉间距入墙体框架时，墙体具有最强的抗剪力。该做法要求在墙面板相接处的墙骨间放置挡块提供受钉背衬。在地震和强风频发的地区要求采用这样的连接形式固定。顶棚板和墙体框架内侧安装石膏板可以加强墙体结构的抗侧向力强度。

7.2.1　墙体开口

当墙体开口尺寸大于墙骨柱的间距时，为避免顶梁板因受到来自上方楼板或屋面施加的荷载出现弯曲下沉，此时需要在开口处安装过梁（图 7-11）。荷载通过过梁传递到支撑过梁的托柱，再径直向下传递到下方楼板系统的挡块，最后传递到基础。当墙体开口宽度小于 1.5m 时，开口两侧各需一根托柱支撑过梁；当墙体开口宽度大于 1.5m 时，开口两侧各需安装 2 根托柱支撑过梁。将过梁直接安装在顶梁板下方为较佳的施工做法。钉接过梁的要求为：2 排钉连接，钉长 90mm，钉端距 100～150mm，钉间距 450mm。

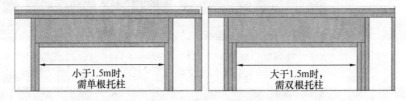

图 7-11　外墙的过梁

7.2.2　构件尺寸

1. 墙骨柱

如图 7-12 所示，确定墙骨柱的长度，需先设定墙体内侧石膏板的尺寸为 1.2m×2.4m，厚度为 12mm。首先完成吊顶饰面（为满足防火规范要求，吊顶饰面为两层

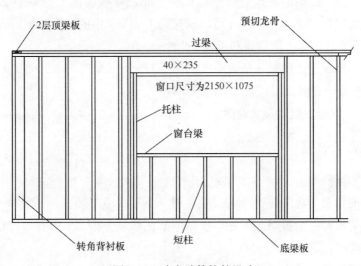

图 7-12　确定墙体构件尺寸

12mm 厚的石膏板）。墙面板横向安装固定到墙体龙骨，上下各一块。为允许结构构件的收缩，通常在楼面板处留 15mm 的距离。

由此可以得出墙体的高度为：12＋12＋1200＋1200＋15＝2439mm

骨架柱的总长度为：2439－3×（40）＝2319mm

2. 过梁

根据所承担的荷载，过梁可以由 2～3 片木材组合而成。另外工程木产品，如 PSL、LVL、LSL 等也可以用作过梁。

表 7-4 中列出了根据不同的房屋宽度和树种，2 拼或 3 拼的过梁在支撑 1 层、2 层和 3 层结构时可达到的跨度。最常用的木材是二级（No.2）云杉-松木-冷杉（SPF）。

过 梁 跨 度 表 表 7-4

过梁1		屋盖荷载标准值1kN/m²													
由2层木材制成的过梁		重型屋盖（恒荷载标准值1.0kN/m²），过梁支承一个吊顶（标准荷载作用下的挠度标准-跨度/250）													
最大允许跨度（m）		40 x 90			40 x 140			40 x 185			40 x 235			40 x 285		
树种和等级	支承	建筑物宽度（m）													
		8	10	12	8	10	12	8	10	12	8	10	12	8	10	12
云杉-松-冷杉 IIc 和 IIIc等级	屋盖	1.12	1.00	0.91	1.64	1.47	1.34	2.07	1.85	1.69	2.53	2.26	2.07	2.94	2.63	2.40
	屋盖+1层楼盖	0.92	0.82	0.72	1.34	1.20	1.09	1.69	1.51	1.38	2.07	1.85	1.69	2.40	2.15	1.96
	屋盖+2层楼盖	0.77	0.65	0.57	1.14	1.02	0.90	1.44	1.29	1.18	1.76	1.57	1.44	2.04	1.83	1.67
过梁2		屋盖荷载标准值1kN/m²													
由3层木材制成的过梁		重型屋盖（恒荷载标准值1.0kN/m²），过梁支承一个吊顶（标准荷载作用下的挠度标准-跨度/250）													
最大允许跨度（m）		40 x 90			40 x 140			40 x 185			40 x 235			40 x 285		
树种和等级	支承	建筑物宽度（m）													
		8	10	12	8	10	12	8	10	12	8	10	12	8	10	12
云杉-松-冷杉 IIc 和 IIIc等级	屋盖	1.36	1.23	1.12	2.01	1.79	1.64	2.53	2.27	2.07	3.10	2.77	2.53	3.59	3.22	2.94
	屋盖+1层楼盖	1.12	1.00	0.92	1.64	1.47	1.34	2.07	1.85	1.69	2.54	2.27	2.07	2.94	2.63	2.40
	屋盖+2层楼盖	0.95	0.85	0.77	1.40	1.25	1.14	1.76	1.58	1.44	2.16	1.93	1.76	2.50	2.24	2.04

【案例】：一栋三层高的建筑，房屋总长度 10m，每层墙体上有一个 1.93m 宽的窗户开口，因此每层窗户上的过梁尺寸可以通过跨度表 7-4 中的以下数据得知：

3 层墙体过梁→支撑 1 层楼盖和屋盖→2 片；

40mm×285mm 组合过梁（最大跨度 2.15m）；

1 层墙体过梁→支撑 2 层楼盖和屋盖→3 片；

40m×235m 组合过梁（最大跨度 1.93m）。

7.2.3　施工过程

墙体安装的过程如下：

（1）沿楼面板四周边沿往里 90mm 处各弹一条粉线或墨线。

（2）将顶梁板和底梁板对齐放好，根据图纸在梁板上标示出所有墙骨柱、墙体开口和其他墙体构件的位置。

（3）将顶梁板和底梁板分开，底梁板对齐弹好的墨线放好，顶梁板放在与底梁板合适距离的楼面板上。

（4）将组合过梁与顶梁板固定。

（5）钉钉时应遵循以下步骤：

1）托柱→附加龙骨柱，短柱→托柱，墙骨柱和墙骨柱钉接 L 形转角；

2）附加龙骨柱→过梁；

3）顶梁板→附加龙骨柱；

4）底梁板→附加龙骨柱/托柱/短柱；

5）窗台梁→短柱；

6）底梁板和顶梁板→其他切割好的墙骨柱和转角；

7）1 层顶梁板→2 层顶梁板，预留连接距离。

（6）将底梁板对齐墨线，用 80mm 钉子斜钉将底梁板临时固定在楼板上，间距 1.2m。随后测量墙体框架对角线尺寸，调整顶梁板位置；墙体对角线尺寸一致时，用 80mm 长钉子将 2 层顶梁板临时固定在楼面板上（图 7-13）。

（7）用 50mm 长钉子安装墙面板，板边沿的钉间距为 150mm，板中钉间距为 300mm（图 7-14）。

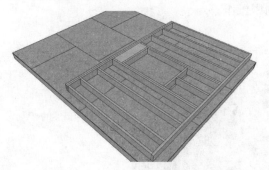 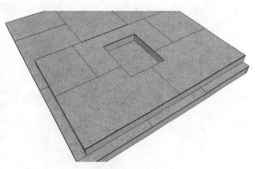

图 7-13　在楼面板上拼装墙体　　　　图 7-14　在楼面板上为墙面体封板

（8）此时已完成墙体框架和墙面板的安装。移除固定墙体顶梁板和楼面板的钉子。稍微抬起墙体，并在墙体下方垫几块 40mm 的木块。在完全立起墙体之前，清理干净楼面板上的残余木块和垃圾，同时准备好临时支撑的木材。

（9）立起墙体后，应用钉斜向钉住底梁板避免墙体的移动。墙体立起后，在用水平尺校正墙体垂直度之后，把墙体固定。

（10）采用同样方法立起其余墙体。在短墙上标示墙骨柱位置，同时将卷尺延长超过顶梁板端部 90mm（墙体厚度），然后比准卷尺上的箭头中心内移 20mm，在顶梁板上做出标记。这样墙面板超出短墙距离正好盖住长的墙体，从而将相邻的短墙和长墙连接在一起。

（11）除了不需封墙面板外，内隔墙的安装与外墙体一致。当所有墙体组装完成并立起后，校正 4 个墙体转角，同时进行支撑固定。在一面墙体顶梁板两端下方各钉一块木块，在 2 块木块之间拉一根线。再用另一块厚度一样的木块，从一端开始贴紧墙面板

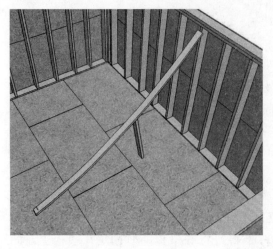

图 7-15　墙体的支撑

和线之间，确认整个墙面板与线的距离一致。以不小于 2m 的间距用木条斜撑住外墙体（图 7-15）。如果要将墙体往外校正，将斜撑上端放至墙骨柱上方，然后固定住斜撑底部，并将斜撑向下压。若是要将墙体往里侧校正，先将斜撑上下端分别放至墙骨柱下侧和楼面板底部，固定后向上拉斜撑进行调整（图 7-16）。墙体校正后用木块支撑住斜撑。

如果墙体安装在混凝土底板上，则需在混凝土底板上方事先安装防腐木地梁板，同时地梁板上必须钻孔与锚栓固定。墙体按照常规方式组装且安装好墙面板后，再根据地梁板上的钻孔位置在墙体底梁板相应位置钻孔，然后将墙体立起并安放在地梁板上，最后进行固定。要将墙体立起安装到位的同时保证墙体与防白蚁屏障之间的气密性是一件比较复杂的工作，需要周密操作。

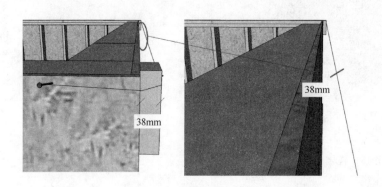

图 7-16　校正墙体

遵循以下步骤也可以完成墙体的安装（密封胶→防潮垫→密封胶→白蚁屏障→密封胶→防腐木地梁板），先用垫片和螺母固定地梁板，然后在底梁板背面标识出螺母和锚栓的位置并钻孔，确保可以将底梁板水平地放置在地梁板之上。根据图纸建造墙体，墙骨柱的尺寸应比上一种安装方法的墙骨柱短 40mm。

安装墙面板并将其超出墙体底梁板 40mm。在防腐地梁板上再涂抹一层密封胶，立起墙体并放置在地梁板上，用 50mm 长钉子以 150mm 间距将超出的覆面板钉入地梁板。钉接底梁板与地梁板的钉长为 80mm，按 400mm 间距以 30°斜角进行钉接固定（图 7-17）。

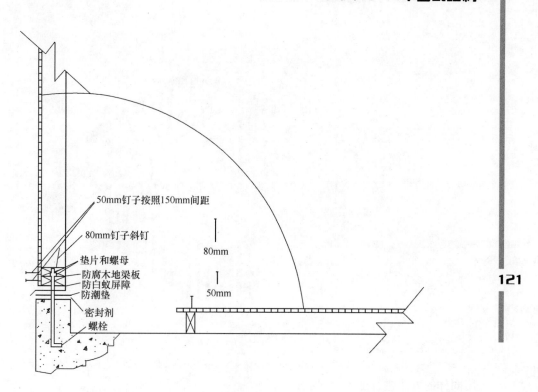

50mm钉子按照150mm间距

80mm钉子斜钉

80mm

垫片和螺母

防腐木地梁板

防白蚁屏障

防潮垫

50mm

密封剂

螺栓

图 7-17 墙体与混凝土矮墙的连接

121

7.3 内墙和顶棚结构

7.3.1 内墙

内墙可将楼板空间分隔成多个房间。墙体上安装楼板或顶棚搁栅时，与搁栅垂直的内墙是承重内隔墙，与搁栅平行的是非承重隔墙。当屋面为桁架结构时，屋面下方的所有墙体都是非承重墙（图 7-18）。

当承重隔墙上有开口，且开口大于墙骨柱间距时，需要在开口上方安装过梁。使用跨度表，可以确定合适的过梁尺寸。

1. 龙骨的开口

承重墙墙骨柱开槽或钻孔的最大深度不得超过墙骨柱横截面的 1/3，例如一根40mm×90mm 的墙骨柱可开槽或钻孔的最大深度为 30mm。对于非承重墙，开槽或钻孔后的剩余深度不小于 40mm。如需要矫直一根过分弯曲的墙骨柱，则可在墙骨柱的中间位置锯一个切口，再将其矫直；随后将一块打胶的 300mm 规格材或 OSB 板粘贴在锯口旁，最后用至少 4 枚 60mm 长的钉子进行加固。开了槽口或钻过孔的顶梁板也可以使

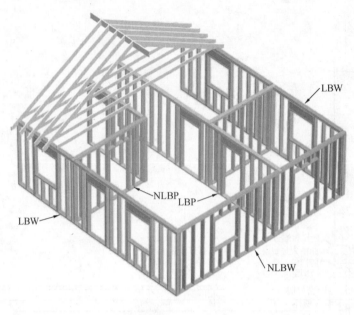

图 7-18　墙体类型

LBW—承重墙；LBP—承重隔墙；NLBW—非承重墙；NLBP—非承重隔墙

用同样的方法进行加固。

图 7-19、图 7-20 是龙骨开口构造示意图。

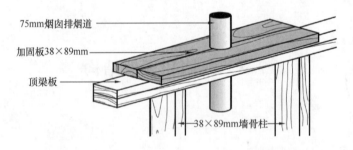

图 7-19　墙体龙骨的开槽及钻孔

2. 内隔墙施工

内隔墙的施工方法同外墙一致，包括：单片底梁板、双层顶梁板、墙骨柱。但是无结构墙面板（有额外的抗剪强度要求）除外。在寒冷地区，聚乙烯薄膜作为蒸汽阻隔层，安装在墙体和吊顶的温度高的一侧；在双层顶梁板之间以及隔墙与外墙交接的地方也需铺上一层聚乙烯薄膜；应涂抹隔声胶并用码钉将这层薄膜和墙体及顶棚处的薄膜固定在一起。当隔墙与顶棚搁栅平行时，应以 1.2m 的间距在顶棚搁栅间的空腔内安装横撑，并与隔墙连接以保证其竖直且牢固；同时应在隔墙下方的楼板搁栅间的空腔内以 1.2m 的间距安装 40mm×90mm 的横撑以支撑墙体的荷载（图 7-21）。

绝大多数隔墙是用 40mm×90mm 的规格材建成。如果在墙骨间要安装水管和其他机械设备，可能需要用 40mm×140mm 的规格材；在某些特定的位置，如有烟囱的地方，则需留出烟囱的开孔，并作保温处理。

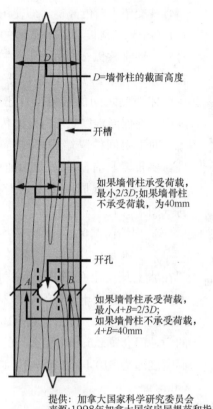

D=墙骨柱的截面高度

开槽

如果墙骨柱承受荷载，
最小2/3D;如果墙骨柱
不承受荷载，为40mm

开孔

如果墙骨柱承受荷载，
最小A+B=2/3D;
如果墙骨柱不承受荷载，
A+B=40mm

提供：加拿大国家科学研究委员会
来源:1998年加拿大国家房屋规范和指南，
p.7-12

图 7-20   顶梁板开孔位置的加固

图 7-21   内隔墙背衬

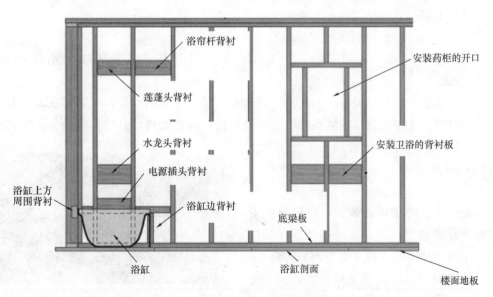

浴帘杆背衬

安装药柜的开口

莲蓬头背衬

水龙头背衬

电源插头背衬

安装卫浴的背衬板

浴缸上方
周围背衬

浴缸边背衬

底梁板

浴缸

浴缸剖面

楼面地板

图 7-22   卫生间墙体的不同背衬

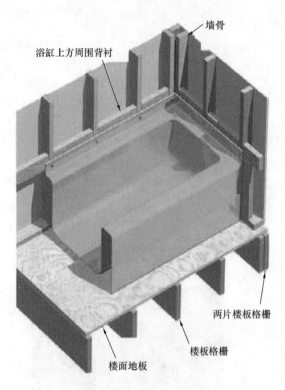

图 7-23　浴缸周围的背衬

对隔声要求高的部位，可以建造墙骨柱交错安装的隔墙，即使用 40mm×140mm 的梁板与 40mm×90mm 墙骨柱，墙骨柱以 200mm 间距在梁板上相互错位安装。如此可最大限度地减少墙体两侧之间的接触，且还可在空腔中填充保温棉以减弱声音的传递。

对卫生间的隔墙需要作特殊的处理，要布置具有防水防潮功能的背衬（图 7-22），浴缸周围也要做专门的背衬（图 7-23）。

3. 内墙门洞口

为了满足使用要求，需要为室内门在墙上预留出孔洞。孔洞宽度通常为"门本身宽度＋2 个门套的厚度＋2 个留缝的厚度"。例如一扇 810mm 宽的门，门套厚 20mm，那么门的预留孔洞宽度即为 $810+2\times20+2\times12=874$（mm）。

根据下述指导内容，可以计算出孔洞的高度：

（1）完成地板的厚度（～实木地板 20mm）；

（2）门底部与地板之间的留缝（～10mm）；

（3）门的高度（～2032mm）；

（4）上口门套的厚度（～20mm）；

（5）上口门套上方的留缝（～12mm）。

根据上述内容，一扇 810mm×2032mm 的门所需的门洞开口尺寸为 874mm×2094mm。

一些固定的家具、设备，如药柜、储藏柜、壁柜和置物台等，也需要在墙上开洞。安装浴缸时，无论是直接放置在楼板上还是作楼板降板处理，其结构都会有特殊之处。此外，用于顶柜上方的吊顶，以及作为楼梯和楼梯井扶手的矮墙，都会有特殊的结构。

此外还需考虑内饰装潢，应确保在安装部分硬装修家具时，在墙体和顶棚搁栅结构上预装相应的背衬（图 7-24）。有时墙骨间的背衬也需要辅助支撑荷载，例如支撑吊柜、固定墙体上的扶手支架以及窗帘

图 7-24　橱柜顶部的吊顶

轨道。施工过程中，施工人员必须考虑房屋所有图纸，以满足装饰的需求。

7.3.2　顶棚搁栅

1. 顶棚搁栅的布置

顶棚搁栅通常与楼板搁栅的布置方向一致，沿建筑长度方向横跨房屋。当屋盖结构为椽条时，顶棚搁栅用于支撑顶棚板内饰；当房屋跨度超出顶棚搁栅允许的跨度时，需安装承重墙或梁来支撑荷载，同时减小搁栅的净跨度。顶棚搁栅可在墙体或梁上方搭接或对接（图 7-25），也可以与梁平齐，并用搁栅托架固定（图 7-26）。顶棚搁栅的搭接尺寸在 100～300mm。对接时需加装加固板条，如使用尺寸为 130mm×300mm×12mm 的 OSB 板，打胶后安装在 2 根搁栅的接头位置，并用 6 枚 60mm 长的钉子固定。

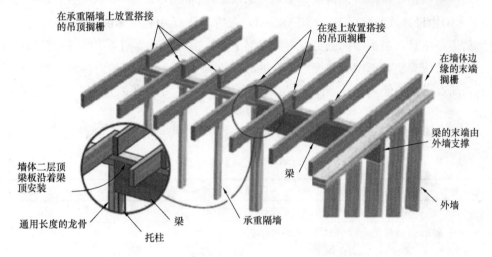

图 7-25　顶棚搁栅在梁上方连接

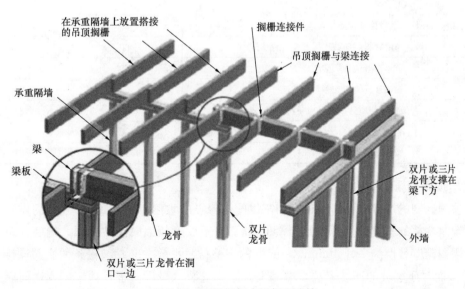

图 7-26　顶棚搁栅在梁侧面连接

屋面的活荷载与静荷载会对外墙产生向外的推力；因此需要依靠顶棚搁栅与椽条及墙体顶梁板之间的坚固钉接来抵抗该作用力。此外，每对椽条都可以用椽条拉杆连接，当椽条拉杆长度超过 2.4m 时，必须对其加装永久性支撑。当屋脊板没有支撑时，《木结构工程施工质量验收规范》（GB 50206）的表 J-1 对其相关的钉连接要求作了详尽规定（至少 4 枚钉子，钉长最小 80mm），同时还需考虑房屋的宽度、椽条与顶棚搁栅的间距、屋面荷载以及屋面坡度等因素。

例如一栋长度为 9.8m 的房屋，屋面荷载为 2.0kPa，坡度 1∶2，此时：

如椽条和顶棚搁栅间距为 400mm→钉接椽条和搁栅需 5 枚 80mm 的钉子。

如椽条和顶棚搁栅间距为 600mm→钉接椽条和搁栅需 8 枚 80mm 的钉子。

顶棚搁栅相互搭接时，每个接头至少多用 1 枚钉子。

《木结构设计规范》（GB 50005—2003）表格 N.2.1 中有更多的钉连接要求。

请务必注意，当顶棚搁栅在承重墙或梁上方搭接安装时，相对应的每对椽条在屋脊处也需要错位安装。该做法的优点是提供了椽条与屋脊板钉接时的钉接面，便于椽条的安装；缺点是在两侧墙体上画线时也需要错位，施工时需仔细辨别，否则就会引起混淆。

表 7-5 是连接构件对钉子长度和间距的规定。

钉子长度和间距的规定　　　　　　　　　　　　表 7-5

连接构件名称	最小钉长度（mm）	钉的最少数量
顶棚搁栅与墙体顶梁板斜向钉连接	80	2
屋盖椽条、桁架或搁栅与墙体顶梁板斜向钉连接	80	3
椽条与顶棚搁栅	100	2
椽条与搁栅（屋脊板有支座）	80	3
椽条与搁栅（屋脊板无支座）	*	*
两侧椽条在屋脊通过连接板连接，连接板与每根椽条的连接	60	4
椽条与屋脊板斜向钉连接或垂直钉连接	80	3
椽条连杆每端与椽条	80	3
椽条连杆侧向支撑与椽条连杆	60	2
短椽条与屋脊或屋骨椽条钉连接	80	2
椽条撑杆与椽条钉连接	80	3
椽条撑杆与承重墙斜向钉连接	80	2

2. 顶棚搁栅端部的处理

顶棚搁栅的端部上沿需要进行切割以配合椽条的坡度（图 7-27）。较好的做法是使顶棚搁栅端部的斜切口低于椽条上沿 6mm。对于坡度较大的四坡屋顶，端墙处最外侧的顶棚搁栅应替换为一片 40mm×90mm 的规格材，平放并和端坡椽条的底部连接（图 7-28）；而对于缓坡的四坡屋顶，端墙上方不应安装（最后一根）顶棚搁栅，而应在倒数第二根顶棚搁栅上安装与椽条间距相同的短搁栅。转角处需要安装背衬板，以安装下方的石膏板。可用木工角尺来切割顶棚搁栅与短搁栅端部上沿的角度（图7-29）。

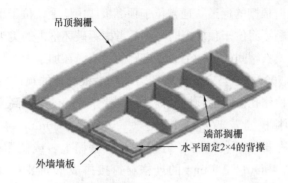

图 7-27 顶棚搁栅被切角以配合椽条坡度

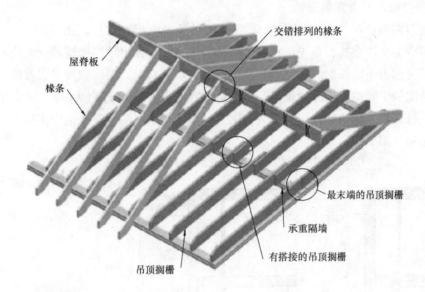

图 7-28 顶棚搁栅相互搭接并与椽条连接

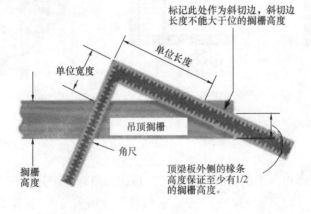

图 7-29 利用木工角尺切割顶棚搁栅的端部

3. 顶棚搁栅支撑和检修孔

屋面检修孔是通向顶棚的通道，通常位于顶棚板或山墙上。位于山墙上时，需要考虑建筑的造型和防水问题；而位于顶棚上时，则需考虑不破坏室内的美观。大多数建造商选择将检修孔开在步入式衣帽间的顶棚上或是走廊的尽头。在加拿大，目前对检修孔的最小尺寸要求是 500mm×700mm。当安装检修孔需切割一根以上的顶棚搁栅时，则开孔两侧的搁栅数量需加倍。检修孔位置的顶棚搁栅顶部到椽条底部的净空高度最小为 600mm。

为避免变形，顶棚搁栅需要安装搁栅支撑。支撑可为 20mm×40mm 的木条，安装间距为 3m，并用 2 枚 60mm 长的钉子钉接到每根搁栅上，或使用强度更好的支撑条（将 40mm×90mm 与 40mm×140mm 的规格材钉接拼成 L 形支撑条），安装间距同为 3m，使用 2 枚 80mm 长的钉子钉接到每根搁栅上。

4. 顶棚搁栅的布置和安装

安装顶棚搁栅时，可选择在承重墙上相互搭接或相互对接。搭接时（图 7-30a），檩条在屋脊上交错布置。首先应在每个墙体顶部画线，标出顶棚搁栅的安装位置；随后按照尺寸切割出正确长度的搁栅，并在两端上沿切割斜角，再将搁栅安装就位。随后应在搁栅跨度的中间位置临时铺设覆面板，以便在上方架起梯子或脚手架；最后依次安装屋脊板、椽条以及椽条拉杆；对接时（图 7-30b），椽条在屋脊板上也应相对，安装步骤与搭接相同（图 7-31）。

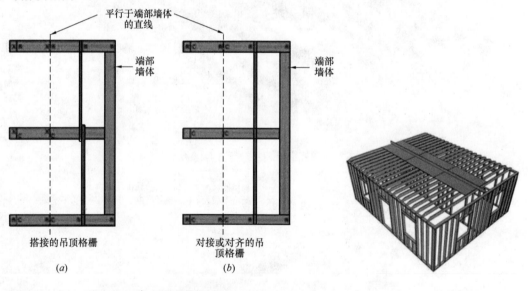

图 7-30　顶棚搁栅的安装
（a）搭接；（b）对接

图 7-31　安装顶棚搁栅
的分布示意

从表 7-6 可以读出顶棚搁栅的跨度尺寸。顶棚搁栅跨度表分为两个，一个是阁楼活荷载为 0.5kN/m² （搁栅表 1），另一个是活荷载为 1.0kN/m² （搁栅表 2）。例如，选用二级或以上的 SPF 规格材，顶棚搁栅间距 400mm 时，40×140 的搁栅在表 1 中的跨度为 3.98m，在表 2 中跨度可达 3.48m。

顶棚搁栅跨度表 表 7-6

屋盖1			无日后改建空间、无阁楼存储空间												
屋盖搁栅			阁楼恒荷载标准值0.5kN/m², 阁楼活荷载标准值0.5kN/m², 标准荷载作用下的挠度标准: 跨度/250												
			最大允许跨度(m)												
			40×90			40×140			40×185			40×235			40×285		
	间距(mm)	Ⅰc	Ⅱc/ Ⅲc	Ⅳc/ Ⅴc	Ⅰc	Ⅱc/ Ⅲc	Ⅳc/ Ⅴc	Ⅰc	Ⅱc/ Ⅲc	Ⅳc/ Ⅴc	Ⅰc	Ⅱc/ Ⅲc	Ⅳc/ Ⅴc	Ⅰc	Ⅱc/ Ⅲc	Ⅳc/ Ⅴc
云杉-松-冷杉	300	2.85	2.74	2.65	4.48	4.40	4.17	5.89	5.78	5.48	7.53	7.38	6.94	9.16	8.98	8.06
	400	2.58	2.53	2.40	4.06	3.98	3.78	5.34	5.23	4.90	6.82	6.68	5.99	8.30	8.14	6.95
	600	2.26	2.22	2.11	3.56	3.49	3.18	4.68	4.58	4.01	5.97	5.86	4.91	7.27	7.13	5.70
屋盖2			无日后改建空间、有限的楼存储空间												
屋盖搁栅			阁楼恒荷载标准值0.5kN/m², 阁楼活荷载标准值1.0kN/m², 标准荷载作用下的挠度标准: 跨度/250												
			最大允许跨度(m)												
			40×90			40×140			40×185			40×235			40×285		
	间距(mm)	Ⅰc	Ⅱc/ Ⅲc	Ⅳc/ Ⅴc	Ⅰc	Ⅱc/ Ⅲc	Ⅳc/ Ⅴc	Ⅰc	Ⅱc/ Ⅲc	Ⅳc/ Ⅴc	Ⅰc	Ⅱc/ Ⅲc	Ⅳc/ Ⅴc	Ⅰc	Ⅱc/ Ⅲc	Ⅳc/ Ⅴc
云杉-松-冷杉	300	2.49	2.44	2.32	3.92	3.84	3.63	5.15	5.05	4.58	6.57	6.44	5.60	8.00	7.84	6.50
	400	2.26	2.21	2.10	3.55	3.48	3.13	4.66	4.57	3.95	5.96	5.84	4.83	7.25	7.11	5.60
	600	1.98	1.94	1.75	3.11	3.05	2.56	4.09	4.01	3.24	5.22	5.12	3.96	6.35	6.06	4.59

129

7.4 屋 盖

7.4.1 屋盖类型

屋盖属于房屋结构体系，其上覆有屋面材料以避雨雪、保温隔热。同时，屋盖又是建筑空间和立面的重要组成部分，形式多种多样。屋盖建造效果的优劣对建筑整体影响极大，而且受气候气候条件的影响，对设计和施工人员的技术和态度要求较高。屋盖、屋面板和防水材料的选择，要充分考虑风力、降雪量、降雨量和频率等环境因素的影响。

屋顶有如下几种类型（图 7-32）：

（1）单坡屋盖：单个屋面，单一坡度，通常用来做小屋顶或阳台上方的屋盖。

（2）双坡屋盖：2 个屋面，由屋脊向檐口放坡，两端各有一个三角形山墙。

（3）复斜屋盖：4 个屋面，屋脊两侧各有两个坡屋面，靠外侧的 2 个屋面坡度更大。

（4）四坡屋盖：4 个屋面，分为所有屋面坡度相同或 2 个相对的屋面坡度相同。四根脊椽从屋脊开始延伸至建筑 4 个外角。2 个屋面为三角形，另外 2 个为梯形。

（5）曼莎屋盖：8 个或 9 个屋面，外围为

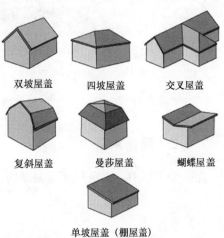

双坡屋盖　　四坡屋盖　　交叉屋盖

复斜屋盖　　曼莎屋盖　　蝴蝶屋盖

单坡屋盖（棚屋盖）

图 7-32　屋盖类型

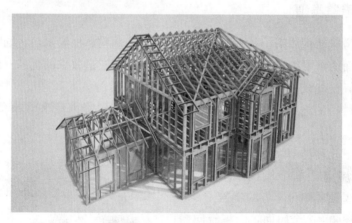

图 7-33 凉亭式屋盖

4 个较大坡度的屋面，中间或为一个，4 坡屋顶，或为 4 根椽条汇集于一个平屋盖。

（6）蝴蝶屋盖：2 个屋面朝里倾斜，交汇于房屋中间，天沟位于屋面中部。

（7）凉亭屋盖（图 7-33）：覆盖规则多边形的多个屋面，屋盖或呈五角形，或成八角形，或成十角形等。

（8）交叉屋盖：任何上述屋顶的相互组合，经常用于多功能建筑，2 个屋面相交时会产生斜向天沟。

（9）平屋盖：一个屋面，可用作户外露台。其构件称为屋盖搁栅，而非椽条。

早期各种木结构屋盖的搁栅与椽条基本都使用圆木建造，随着电动切割锯的发明，重木木方及轻型规格材被广泛地使用在屋盖结构中。而后又随着大径木材的日渐匮乏，可用来做大跨度构件的木材变得愈加珍稀。在这种情况下，"桁架式椽条"开始出现，它的特点是将椽条和盖棚搁栅的功能合二为一，形成一个构件（图 7-34）。从此之后，使用桁架建造屋顶开始在北美地区逐渐普及至今（图 7-35）。但无论是椽条屋盖还是桁架屋盖，其术语和坡度计算是相同的。

图 7-34 屋盖结构模型

7.4.2 屋盖术语

在屋盖术语中，椽条和顶棚搁栅均被视为线段且忽略木材断面尺寸。术语如下（图 7-36）：

（1）总跨度（5000mm）：木结构建筑外墙与外墙的距离。

（2）总宽度（2500mm）：通常为总跨度的一半，椽条从外墙至屋脊板中间的水平距离。

（3）总高度（1500mm）：椽条与顶梁板间的垂直距离。

（4）屋面坡度（1：1.5，33.7°）：总高与总宽之比，有时用角度表示。

（5）单位宽度（250mm）：公制木工角度表示。

（6）单位高度（166.7 = 250 ÷ 1.5）：屋盖椽条在单位宽度为 250mm 条件下的上升高度。

图 7-35 建造木结构屋盖

（7）单位三角形：直角三角形，以单位宽度为底边，单位高度为高。

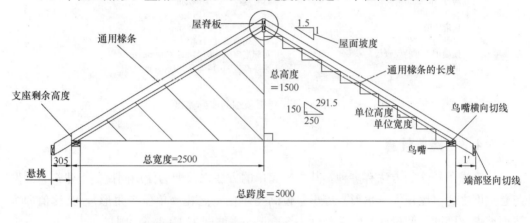

$$通用椽条长度 = \sqrt{(总高度^2) + (总宽度^2)} = \sqrt{(2500^2 + 1500^2)} = 2915$$

$$通用椽条长度 = 单位椽条长度 × 总阶梯 = 291.5 × 10 = 2915$$

图 7-36 屋盖术语与计算

（8）单位长度（$\sqrt{166.7^2 + 250^2} = 300.5$）：单位三角的斜边。

（9）理论线长度（$\sqrt{2500^2 + 1500^2} = 2915$）：屋盖直角三角形的斜边，以总宽度为底，总高度为高。

（10）竖向切口：切割椽条时竖直方向的几个切口，包括与屋脊板的连接处、与墙体顶梁板连接的鸟嘴位置，以及挑檐的椽尾端部。

（11）横向切口：切割椽条时水平方向的几个切口，包括与墙体顶梁板连接的鸟嘴位置及椽尾端部。

（12）鸟嘴：椽条上由竖向与横向切割形成的槽口，以使椽条能够稳妥地安置在墙体的顶梁板上，需保证支撑座面长度最小为 40mm。

（13）椽条主体：椽条覆盖建筑的部分。

（14）椽尾：椽条挑出建筑的部分。

图 7-37 是计算顶端实际高度的示意图。

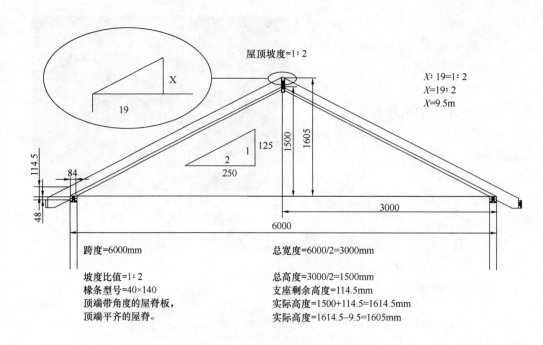

屋顶坡度=1:2

X:19=1:2
X=19:2
X=9.5m

跨度=6000mm

坡度比值=1:2
椽条型号=40×140
顶端带角度的屋脊板，
顶端平齐的屋脊。

总宽度=6000/2=3000mm

总高度=3000/2=1500mm
支座剩余高度=114.5mm
实际高度=1500+114.5=1614.5mm
实际高度=1614.5-9.5=1605mm

图 7-37　计算屋脊板顶端的实际高度

7.4.3　椽条计算

计算椽条长度的方法有多种，其中最简单的方法之一即为使用同比例。建筑总高度与总宽度之比（屋顶大三角形）等于单位高与单位宽之比（单位三角形），其比值即为屋面坡度。因此，假设建筑的总跨度为 5000mm，坡度为 1:1.5，则：

$$\frac{总高}{2500}=\frac{1}{1.666}，\quad 总高=\frac{2500}{1.666}=1500$$

由勾股定理，可以得出：

$$椽条长度=\sqrt{1500^2+2500^2}=2915$$

或使用相似三角形定理，即单位直角三角形与屋顶大直角三角形相似；又根据勾股定理，即可得出：

$$单位长度=\sqrt{150^2+250^2}=291.5$$

$$\frac{线条长}{单位长度（291.5）}=\frac{总宽（2500）}{单位宽（250）}=10$$

故　线条长=10×291.5=2915

除上述方法外，还可采用大木工角尺。首先将 2 个角尺配套的定位扣分别在角尺长边上固定在单位宽度位置，并在角尺短边上固定在单位高度位置；随后使用该角尺依次连续在椽条上量出 10 个单位三角形并作记号。

以上三种方法都需按照如下的操作步骤（图7-38）：

（1）作出材料在屋脊位置一端的竖向切割线①；

（2）测量或使用角尺连续量出椽条主体长度并作出标记③；

（3）作出鸟嘴的竖向切割线④及横向切割线⑤；

使用木工角尺测量并作出椽尾切割线⑦，即305mm减去结构封檐板的厚度40mm，故为265mm；

（4）在屋脊位置的一端，将屋脊切割线位置①向后移动半个屋脊板厚度至位置②；屋脊板厚度通常为40mm，故移动距离为20mm。

由于屋脊中央至建筑外墙为固定常数，故此法可用于任一粗面板或者屋脊木板的厚度计算。

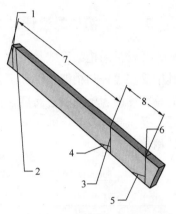

图7-38　切割椽条的工序
1—屋脊铅垂线；2—根据屋脊调整尺寸；
3—鸟嘴铅垂线；4—鸟嘴水平切割线；
5—望板切割线；6—封檐板切割线；
7—柳条跨度；8—挑檐长度

7.5　屋　盖　桁　架

屋盖桁架（图7-39）是坡屋顶建筑屋盖系统的核心构件之一，是单独的结构单元，可以依托桁架安装屋面和顶棚饰面。桁架往往需要在内力计算的基础上进行设计，可使用比顶棚搁栅和椽条更小截面尺寸的规格材，而做到更大的跨度（最大可达30m），自重较轻、力学性能较好。此外，桁架的安装简便、构造简单、施工便捷、用时更短。更重要的是，桁架会将屋顶荷载全部传递到外墙体上，因而不需要有承重内隔墙。

图7-39　木制屋顶桁架

7.5.1　桁架的加工

桁架由上弦杆、下弦杆和腹杆共同组成，一般用胶合板连接板或金属齿板进行固定和相互连接。桁架的各组成部分按受力情况分为受拉杆件或受压杆件。过长的受压腹杆，在受力的情况下可能会出现弯曲。加拿大国家建筑规范（National Building Code of Canada）规定，当受压腹杆长度超过1.83m时，必须添加侧向支撑。侧向支撑板的尺寸至少是20mm×90mm（连续支撑），使用2枚60mm长的钉子钉接到每根受压腹杆。

7.5.2 桁架的设计

最常见的桁架形式是芬克式桁架或 W 形桁架。W 形桁架腹杆呈现字母 W 的样式，其中受拉腹杆与桁架顶部和下弦杆连接，而受压腹杆连接上、下弦杆（图 7-40）。房屋的总宽度即为桁架的总跨度，但并不包括外墙上 OSB 墙面板厚度或超出外墙的悬挑部分。受压腹杆在跨度的 1/4 处与上弦杆相接，同时受压和受拉腹杆与下弦杆在 1/3 跨度处相接。

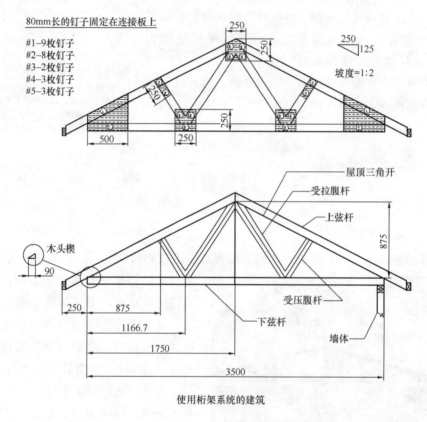

图 7-40　W 形木桁架

7.5.3 桁架设计软件

计算机软件在桁架设计方面应用广泛，而且品牌丰富，使用时需要按照其使用说明进行操作。一般需要设定风雪等活荷载的数据，同时输入屋面露台、屋顶和顶棚装饰的静荷载等数值，全面综合考虑各种荷载因素，从而通过计算确定每榀桁架的腹杆和弦杆的尺寸、数量和规格（图 7-41）。软件还能设计桁架整体的支撑布置，以便使桁架安装完成后形成一个整体，具有更高的承载力（图 7-42）。桁架系统优于屋盖椽条系统之处在于桁架利用工程原理，配合专用连接件充分发挥了木材的强度和受力特性。

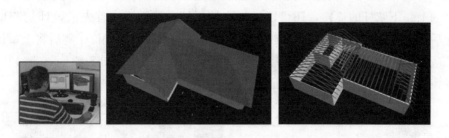

图 7-41　计算机屋盖系统建模

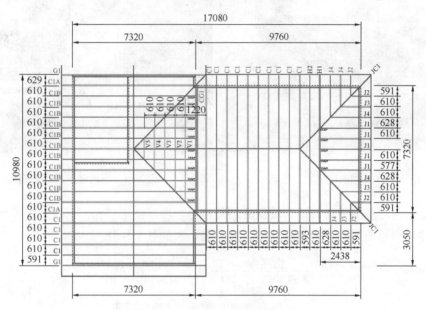

图 7-42　桁架布局平面图

7.5.4　桁架的计算与拼装

桁架计算一般按以下步骤：

（1）确定单位宽度：先用桁架的总跨度除以单位宽度（250mm）得出单位宽度的数量。

（2）确定单位高度：桁架单位高度的数量与单位宽度数量一致，单位高度的数量乘以单位高度（从坡度三角形可得出）即为屋架的跨中高度。

（3）放线预拼：在楼面板或其他平整面上放线，预拼出单榀桁架。应确保桁架总高在跨度中心位置。从桁架顶部向左右两个半跨端部分别画线或弹线，分别在上斜线对应 1/4 总跨处，下水平线对应 1/3 总跨处做标记。

（4）下料：根据屋面角度切割出上弦杆，放置在斜线的上方，下弦杆放在水平线的下方。切割好的受拉腹杆一端固定到桁架顶点，另一端在底边 1/3 跨度处与受压腹杆连接。受压腹杆与受拉腹杆在下弦杆相交，同时在 1/4 的总跨度处与上弦杆连接。

（5）拼装和制作：安装固定金属齿板或木连接板前，在上下弦杆间放置三角形木楔，加固上、下弦杆的连接，还可以增加连接板的连接面。应首先依设计切割出各杆件，至后将各杆件按照准确位置平放在拼装台上，并临时固定就位；随后将金属齿板放置在相应位置，最后用辊压机或液压机将齿板压至木构件中（图7-43、图7-44）。金属齿板的齿尖拥有强大的力，可以保证杆件之间的可靠连接。

图 7-43 使用滚压机加工桁架 　　　　图 7-44 使用液压机加工桁架

由于三角形屋架斜角与屋面坡度的斜角相等，可以使用"相似三角形"算出跨中高度的尺寸。根据上面的例子，可以相应地算出桁架的各个尺寸：

$$\frac{总高度}{1/2\ 总跨度（1750）}=\frac{单位高度}{单位跨度}=\frac{125}{250}$$

$$总高度=\frac{单位高度\times 总跨度}{单位跨度}=\frac{125\times 1750}{250}=875$$

$$屋面直角三角形斜边=\sqrt{总高度^2+总跨度^2}=\sqrt{875^2+1750^2}=1956.6$$

计算上弦杆的长度时，需要考虑屋面挑出的部分。通常考虑到安装封檐板，计算上弦杆长度时会减少 40mm（为水平距离）。

四坡屋盖中间部分的桁架与山墙屋盖一样，但是屋面坡度在梁式桁架（由 2 片或 3 片木材制成）处改变方向。梁式桁架支撑着端部桁架和端坡桁架。梁式桁架下方墙体需要由 2~3 片组合墙骨柱直接承载，同时在楼面结构下方安装挡块直接落在地梁板上，从而将集中荷载连续地传递到基础。由于四坡屋盖向四个外墙面形成坡度，所以四面墙体都是承重墙。为顺利安装完成整个屋盖结构，需要在现场切割出刚好合适的端部挡块。如果现场有吊车，那么四坡屋盖的端部桁架通常在现场进行组装和斜撑，然后作为一个整体吊装到位。

7.5.5　桁架的安装

安装桁架是施工过程重要一环，在安装的过程中，需务必注意妥善吊装，避免桁架的连接节点受到破坏。正确方法是在每片上弦杆处用吊装带固定，再利用吊车起吊。桁架安装到位后，与顶梁板进行固定；将桁架与墙体、楼板和地面进行临时斜撑固定，再铺装屋面板（图 7-45）。

图 7-45　安装完成的桁架系统

　　不同风格的屋顶都有相对应的桁架设计方法。对于双坡屋顶，除了直接安装在端墙上的山墙桁架，其余的桁架都是相同的通用桁架。山墙桁架是被下方墙体支撑的，它没有斜向的腹杆，替代的是按 600mm 间距布置的竖向腹杆。为了方便安装及提供顶棚板饰面的背衬，可将一根 40mm×90mm 的规格材（如墙骨柱尺寸也为 40mm×90mm）垂直钉接到山墙桁架的下弦杆侧面，之后再与下方的顶梁板钉接固定。

　　山墙桁架一般比通用桁架低一个上弦杆的宽度，如此设计是为了使山墙桁架上弦杆的上沿与通用桁架上弦杆的下沿平齐，以便于在山墙桁架上方安装挑檐支撑条。挑檐支撑条一般与通用桁架的上弦杆尺寸一样，通常为 40mm×90mm；需将其与第一榀通用桁架的上弦杆钉接固定，并一直延伸至外侧的封檐板位置，其长度则需考虑减去封檐板的厚度。

7.5.6　桁架的类型

　　桁架的类型有很多，外观轮廓及腹杆布置也不一样，内力分布不同（图 7-46）。应根据工程的实际（如跨度、造型、屋面荷载、维修要求、构件自重等）进行选择。

　　T 形或 L 形建筑中的交叉屋顶会形成屋谷（图 7-47）。屋谷（斜天沟）的建造有两种方式：

　　1. 设计并加工一系列小型桁架，之后在施工现场将小型桁架直接安装到主桁架上以形成屋谷，最后再安装屋面板。

　　2. 首先安装好主屋面的屋面板，再在其上弹线标出屋面相交线（两侧相交线应相等），并根据相交线切割并安装屋谷板（相交于 2 条相交线交点），注意屋谷板为配合主

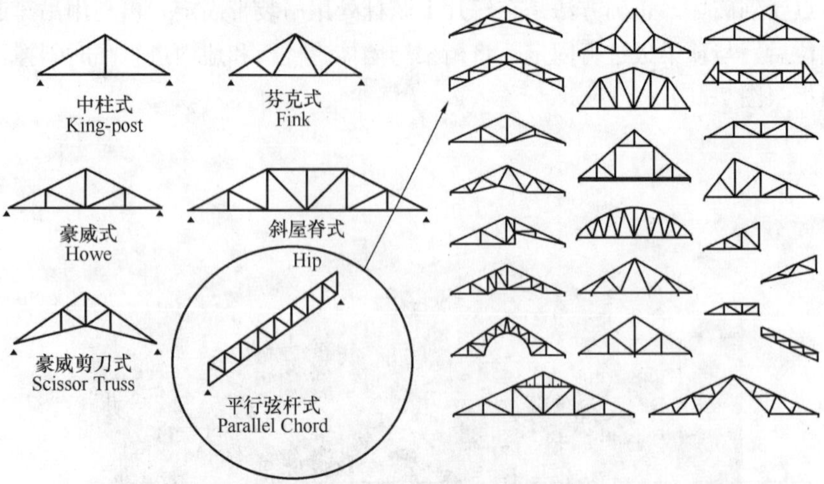

图 7-46　屋顶桁架的种类

屋面坡度应切斜角。之后再安装屋脊板，其一端应坐在屋谷板上方，另一端应与通用桁架连接，随后在屋脊板两侧分别安装对称的短椽条，注意每隔一对椽条需安装一根拉杆。

　　其他常用于住宅建筑的屋盖桁架还有剪刀式桁架和阁楼式桁架。当建造倾斜的顶棚时，应采用剪刀式桁架。通常顶棚的倾斜坡度是屋面坡度的一半。阁楼式桁架在阁楼内提供了较好的使用空间。应根据计算得出的荷载，确定下弦杆的合适尺寸，同时对通向阁楼的楼梯也有特别的规定。对于屋面坡度较陡的宽房子，一整榀的完整桁架的尺寸过大，不利于运输和安装。可以将桁架分成上下两部分进行加工，下方部分有一个平整的顶面。先安装下半部分桁架，再以 600mm 间距安装 40mm×90mm 的连续支撑，之后安装上半部分桁架，并与连续支撑进行固定。

7.6　双　坡　屋　顶

　　双坡屋顶是由 2 个坡度相同的屋面相交在屋脊而组成的一种屋顶形式。由于这种屋顶只会用到通用椽条，因此建造较为方便。在施工时，首先完成第一根椽条的计算、标记与切割，再用它作为模板来制作其余的椽条。当第二根椽条切好后，将其与第一根椽条放在对应位置以确定是否满足安装要求。在进行计算之前应掌握屋顶结构的概念以及计算方法。建筑总宽度指的是建筑从一边到另一边的距离，包含墙面板。总宽度指的是房屋总跨度的一半减去屋脊板一半的厚度。

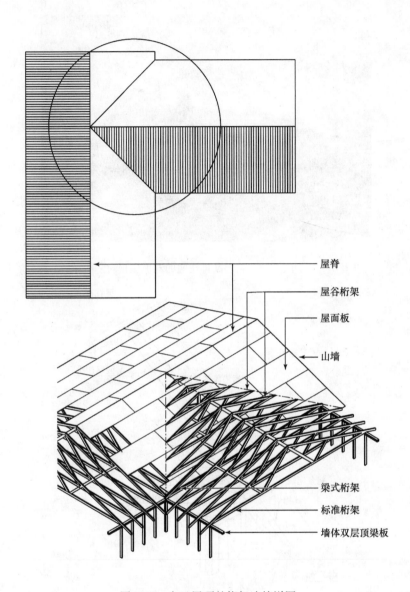

屋脊

屋谷桁架

屋面板

山墙

梁式桁架

标准桁架

墙体双层顶梁板

图 7-47　交叉屋顶的桁架连接详图

7.6.1　椽条的构成

通用椽条由几个不同的部分以及切口组成（图 7-49）。椽条主体部分从墙体延伸到屋脊板边缘，而椽条尾部就是房屋挑檐的部分。椽条在顶部屋脊板位置有一个竖向切口，在底部有一个贴合封檐板的竖向切口。有时檩条在尾部还有一条横向切口，这是为了保证椽尾端部与封檐板的尺寸相同。椽条在墙体上的安装位置会有一个包含竖向和横向切口的鸟嘴。鸟嘴的最小支座支撑长度为 40mm，但通常情况下最好保证横向切口在 50mm 以上，以确保支座长度满足要求。椽条鸟嘴的钉连接要求是一侧至少 2 根 80mm钉，另一侧至少 1 根 80mm 钉固定在墙体上，钉接方法均为斜钉。

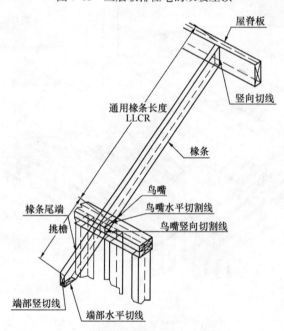

图 7-48　三层联排住宅的双坡屋顶

140

图 7-49　屋顶椽条的组成部分

7.6.2　椽条的切割

有许多种不同的专用软件都可以用来帮助计算椽条的尺寸。例如："RafterCalcula-tor（椽条计算器）"，使用者只需输入建筑的尺寸与屋顶坡度，软件即会生成椽条的切割指导。

"Rafter Calculator"可在线使用，以下为网址：

http：//www. blocklayer. com/Roof/RafterEng. aspx

使用时首先在顶部选择计算类别和单位。对于不同的屋顶，例如双坡屋顶、四坡屋顶或只计算通用椽条都有相对应的选项。对于通用椽条，请选择"RaftersMetric"。

随后输入总宽度，在输入时需注意该数值应包含外墙墙面板厚度，但要减去屋脊板一半的厚度（图7-50）。

最后将表7-7中其他信息完善，包括屋面角度、挑檐长度、椽条尺寸（例如 40mm×140mm

橡条到外墙水平长度	Rafter Run to Outer Wall	1980
屋顶角度	Roof Angle	34
悬挑长度	Overhang (level)	400
橡条尺寸	Rafter Depth	140
鸟嘴竖向切线长度	Birds-mouth Plumb ○	
鸟嘴水平切线长度	Birds-mouth Seat ●	50
墙体厚度	Wall Thick	100
计算	**Calculate**	

图7-50　数据的输入

就输入"140"）以及鸟嘴支座支撑长度要求。当所有信息都输入好以后，点击"Calculate"计算。

141

数据表格　　　　　　　　　　　　　　　表7-7

| Home | Hip Roof Metric | Gable Roof Metric | Skillion Roof Metric | Gambrel Metric | Rafters Metric | Soffit Drop | Bullnose Roof | Pitch to Angle | Measure Pitch | Square Tail Fascia | Rafter Templates |
| Directory | Imperial | Imperial | Imperial | Imperial | Imperial | Imperial | Imperial | Angles | Rise-Run | Bevel Gauge | |

图7-51清晰地显示了椽条各部分的尺寸，按图在材料上作出切割线，再进行切割即可。当数据较多时，用户也可将结果打印出来，以方便切割。

有时施工人员可能选择首先切割出椽条顶部与鸟嘴的切口，椽条尾部可以在安装好之后统一切割。这种做法可使屋顶檐口更加平直，在安装复杂屋顶时经常采用，非常

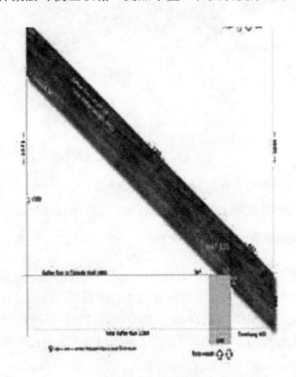

图7-51　椽条的数值

有效。

第一步：在房屋的两边量一个水平距离与挑檐长度相同，并在椽条的底部边缘做好标记。

第二步：在房屋两边的椽条底部标记处水水平尺画出一条铅垂线。

第三步：从房屋一边的椽条到另一边的椽条拉一根直线但先不要弹线。
如果椽条的上端不是完全在一个高度上的话，粉斗或墨斗之前弹的线会导致切割后的椽条下口不一致。

第四步：以上面拉的这条直线为基准，在所有的椽条上面用水平尺画铅垂线。

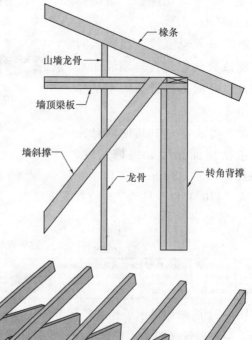

椽条
山墙龙骨
墙顶梁板
墙斜撑
龙骨
转角背撑

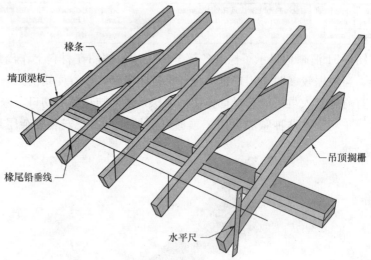

椽条
墙顶梁板
椽尾铅垂线
吊顶搁栅
水平尺

图 7-52　椽尾的切割步骤

当椽条安装好后，可首先在第一和最后一根椽条上标记出挑檐的长度。然后用粉斗或墨斗弹线，并在每一根椽条上标记，最后使用水平尺来作出尾部的竖向切割线。

7.6.3　屋盖构件

（1）屋脊板：屋脊板通常使用比椽条大一号尺寸的规格材，而安装时其上沿应与椽条上沿平齐，以方便屋面板的安装。屋脊板的总高度同样可以通过软件计算得出。在上面的例子中，屋脊板总高度即为 1471mm。确定该高度后，即可切割并安装屋脊板两端的支撑了，该支撑的长度通常为墙体顶梁板上沿到屋脊板下沿的距离，也就是屋脊板总高度减去屋脊板宽度。

（2）挑檐：屋脊板两端的悬挑长度为建筑挑檐的长度减去封檐椽条的厚度。封檐椽条的不同之处在于：制作时既不需考虑屋脊板的厚度，也不需切割鸟嘴。其顶部直接对接并与屋脊板连接，底部则与封檐板连接。但仅有顶部与底部的连接并不足够，因此还需要挑檐支撑条来辅助支撑。挑檐支撑条放置于山墙上方（因此山墙会降低90mm），通常使用40mm×90mm规格材，其一端与第二根椽条连接，另一端与封檐椽条连接（图7-53）。

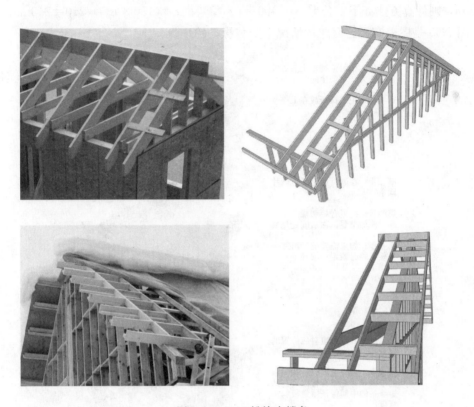

图7-53　2×4挑檐支撑条

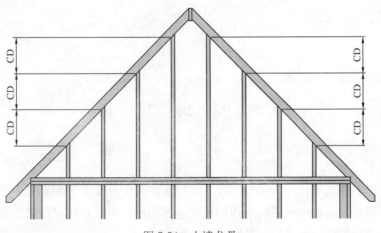

图7-54　山墙龙骨

（3）山墙：在建造屋顶时，同时预制山墙墙体可加快建造速度。基本步骤是：首先将墙面板临时固定在屋盖搁栅上，随后弹线作出山墙的形状，其中最高点应对应房屋跨度的中点。山墙墙体由一根底梁板和两根带有坡度的顶梁板组成，其墙骨柱需和下方墙体的墙骨柱位置保持一致。每根墙骨柱的长度都应按相同的公差递增或递减。

山墙墙骨柱的长度公差很容易计算。假设屋顶坡度为 $150/250（31°）$，龙骨间距为 $400mm$，则计算方法如下：公差$(x)/400=150/250$；$x=(150×400)/250=240mm$。

图 7-55 是屋盖搁栅已完成的情况下安装椽条的步骤。

第一步：在吊顶搁栅上放置胶合板作为一个安全的工作平台。

第二步：把屋脊板放在工作平台上。

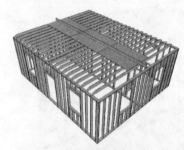

第三步：在屋脊板上固定两片椽条。

第四步：把屋脊板和椽条上升到对应的位置，然后固定鸟嘴。

第五步：如果需要的话可在屋脊板下临时固定两根柱子。

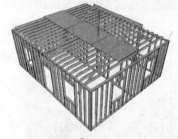

第六步：固定没边对应位置的椽条。

第七步：首先把屋脊板和一端的墙调平并把屋脊板固定在两边椽条的中间保证屋脊板的垂直度。

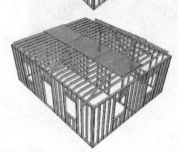

图 7-55　椽条的安装步骤

7.7　四　坡　屋　顶

一个常规的四坡屋顶有 4 个相同坡度的屋面，其中有 2 个相对的三角形屋面，2 个相对的梯形屋面。有些时候四坡屋顶的坡度并不相同，但相对的屋顶坡度是相同的。四坡屋顶中间部分的结构形式与双坡屋顶是一致的。

7.7.1 屋盖的构成

常规的四坡屋顶的中间部分和双坡屋顶是一致的。它由中间的一片屋脊板以及两侧间距为 300mm、400mm 或 600mm 的通用椽条组成。通用椽条指的是一端与屋脊板连接，另一端延伸到挑檐外侧的通长椽条。此外，一个四坡屋顶还包括脊椽，它是指两个屋面相交处的斜向通长椽条。最后是短椽，它是连接在脊椽两侧的屋顶构件。脊椽和屋脊板一样，它的尺寸需要比其他椽条的尺寸大一个规格。图 7-56 是四坡屋顶的构成。

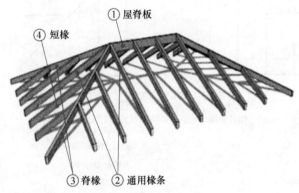

图 7-56 四坡屋顶的构成

在屋顶平面图中，屋面坡度相同的四坡屋顶的脊椽与外墙呈 45°夹角，短椽也和脊椽形成 45°夹角。

7.7.2 椽条的切割

施工员可通过手算来确定屋顶椽条的尺寸，但使用电脑软件计算则更简单方便。在此，仍然可以使用前面介绍过的"RafterCalculator"。

该软件可以计算不同类型的屋顶，例如双坡屋顶、四坡屋顶或者通用椽条，都可在界面顶部选择。此外用户还可选择使用公制或英制单位计算。

对于四坡屋顶，请选择"HipRoofMetric"，有关构件的选择参见表 7-8。

四坡屋顶的构件 表 7-8

Home	Hip Roof Metric	Gable Roof Metric	Skillion Roof Metric	Gambrel Metric	Rafters Metric	Soffit Drop	Bullnose Roof	Pitch to Angle	Measure Pitch	Square Tail Fascia	Rafter Templates
Directory	Imperial	Imperial	Imperial	Imperial	Imperial	Imperial	Imperial	Angles	Rise-Run	Bevel Gauge	

接着就要给屋顶输入相对应的数据，此类数据都可在图纸上找到。下面以图 7-57 为例进行计算演示。

如图 7-57 所示，首先应输入建筑的墙体总长度，其中应包括覆面板厚度。要注意，通常情况下图纸中的墙体尺寸是不包含覆面板厚度的，因此用户须自行加上，之后输入建筑宽度时也一样。

然后输入屋顶的有关数据，屋顶坡度是由角度来表示的，而挑檐的数值是指挑檐的

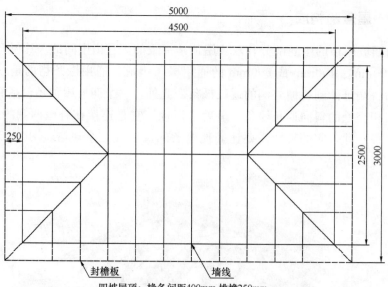

四坡屋顶：椽条间距400mm,挑檐250mm

Wall Length	4518	Rafter Thickness	40	
Wall Width	2518	Rafter Depth	140	
Roof Angle	18	Hip Thickness	40	
Overhang (level)	250	Hip Depth	185	
Drop Hip	⦿ ?	Ridge Thickness	40	
Chamfer Hip	○	Ridge Depth	185	
		Rafter Spacing	406	(Centres)
Creeper Detail	☑	Adjust Equal Spacing ○	Exact Spacing ⦿	
💡 Setout Plan	□ ?	Birdsmouth Seat Cut	40	
Battens	□	Email this Calculation ?	**Calculate**	

图7-57 四坡屋顶平面图

图7-58 脊椽的
斜角切口

水平长度，也就是屋顶挑出墙体部分的投影长。

对于脊椽，在切割鸟嘴的横向切口时应保证脊椽上沿可与其他椽条平齐。如果选择整体降低脊椽高度以使其上沿与其他椽条平齐，则用户应选择"Drop Hip（降低脊椽）"选项；而如用户选择在脊椽上沿切割斜角以配合屋顶坡度，则应选择"Chamfer Hip（切割脊椽斜角）"选项（图7-58）。

在确定屋脊板尺寸时，首先应根据建筑的跨度确定椽条和屋盖搁栅的尺寸，屋脊板和脊椽通常比通用椽条大一个规格即可。如通用椽条尺寸为40mm×140mm，则屋脊板和脊椽的尺寸应为40mm×185mm。

图7-59展示了四坡屋顶的各结构构件。根据图示，施工人员即可确定屋脊板尺寸

146

和其他构件的尺寸，并进行切割。

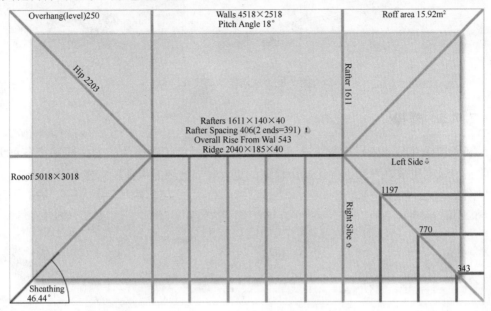

图 7-59　计算软件确定四坡屋顶的尺寸

7.7.3　屋脊板

屋脊板应安装在建筑的正中间位置，以保证从屋脊板两侧到外墙的距离与屋脊板两端到外墙的距离是相等的。

在安装屋脊板时，施工员通常会先在两端各临时安装一根柱子。柱子可能之后会被移除，这取决于屋顶的结构形式。此外还需要一个水平的临时支撑来保证其稳定性与位置的准确。

如屋顶因跨度较大而需要额外支撑，则可选择几种方法：

（1）如果屋脊板下方正好有一道承重墙，则可选择使用该墙来支撑屋盖。

（2）使用顶棚中的梁支撑屋盖。

（3）将每一对椽条都与顶棚搁栅连接，以形成稳固的三角形支撑屋盖。

屋脊板的两端都应作直角切割，以尽可能简化四坡屋顶构件的切割与安装。

7.7.4　通用椽条

制作四坡屋顶通用椽条（图 7-60）的方法与双坡屋顶是完全相同的。将软件中生成的尺寸转移到一片材料上，作为第一根模板椽条，最好选用平直的材料。

切割出模板椽条后，可将它放在其他材料上，描出切割线并进行切割。这样做的好处是可以确保所有椽条都是相同尺寸与相同角度的。

安装椽条时应首先安装通用椽条，随后再安装其他构件。

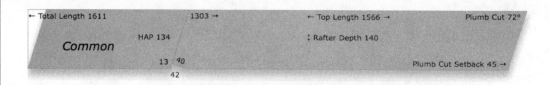

图 7-60　通用椽条的尺寸

7.7.5 脊椽

制作脊椽（图 7-61）比制作通用椽条难度更大。由于脊椽的跨度比通用椽条更大，因此它的坡度更缓，鸟嘴也会比通用椽条的更大，如此才能保证所有椽条的上沿能够平齐（图 7-62）。

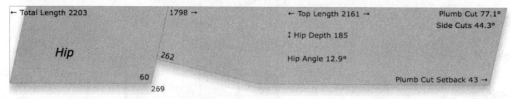

图 7-61　脊椽的尺寸

为使脊椽能够与其两侧相邻的两根通用椽条良好贴合，需要在其一端切出两个 45°斜角（图 7-63、图 7-64），切口相交的位置即为脊椽端部的中心位置。

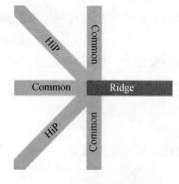

图 7-62　脊椽顶部俯视图

切割斜角时，需调整电圆锯的锯片角度。将圆锯前方的固定旋钮拧松，调整锯片到相应角度，拧紧旋钮，再分别切割两侧的斜角。

脊椽的长度是指其上沿的最长距离。

安装脊椽时，其上沿通常会略低于屋脊板。该处的高差需根据屋顶坡度来确定，合适的高度应能使脊椽上沿两侧与通用椽条上沿平齐。如果选择在脊椽上沿切割斜角以配合屋面坡度，则两个斜角形成的尖顶应与屋脊板及通用椽条上沿平齐。

应在安装好通用椽条后再安装脊椽。脊椽的上端应使用不小于 80mm 的 3 枚钉子固定；下端也应使用 3 枚不小于 80mm 的钉子固定在两堵外墙的转角上。下钉时应从脊椽两侧斜钉固定到外墙顶梁板上。

图 7-63　用圆锯切 45°角

图 7-64　切出复合角

7.7.6　短椽（图 7-65）

"Rafter Calculator" 软件还可提供短椽的切割信息。脊椽的两侧各安装四根短椽。

在切割短椽的顶端时，同样需要把锯片调整到 45°角。但只需切割顶端的一侧，也就是说短椽两侧的长度是不一样的。

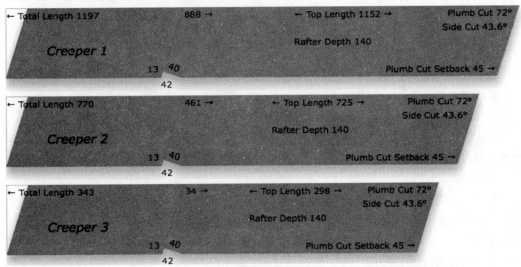

图 7-65　短椽的尺寸

随后测量短椽较长的一侧，以确定鸟嘴的位置与椽尾长度。安装短椽是四坡屋顶结构建造的最后一个步骤。

短椽在放置时的间距与通用椽条相同。假设通用椽条的间距为 300mm，短椽的间距将保持一致。在墙体顶端确定短椽的位置相对较容易，但在脊椽上确定安装位置则相对困难。

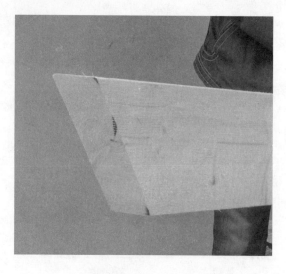

图 7-66　短椽末端切口

　　软件会以最后一根通用橡条的位置为参照来显示短椽的位置。施工时应从该最后一根通用橡条开始测量，先在墙体顶梁板上标记安装位置；随后再从脊椽顶端开始测量，通过勾股定理可以算出短椽在脊椽上的准确位置。但实际操作时通常是先将一对短椽放在顶梁板上对应位置，当它们正好相对且高度与脊椽一致时，即表示短椽切割合理。此时便可用 80mm 钉子将短椽与脊椽钉接了。

复　习　题

　　1. 楼盖搁栅端部的最小支撑长度是多少？

A. 30mm　　　　　　B. 40mm　　　　　　C. 90mm　　　　　　D. 100mm

　　2. 钉连接组合梁时，最大钉间距是多少？

A. 150mm　　　　　　B. 400mm　　　　　　C. 450mm　　　　　　D. 600mm

　　3. 房屋宽度 8m，用 4 片 40mm×235mm 的 SPF（2 级/3 级）规格材制成的组合梁支撑 2 层楼板，最大允许跨度是多少？

A. 2.05m　　　　　　B. 2.11m　　　　　　C. 2.36m　　　　　　D. 3.13m

　　4. 40mm×235mm 的 SPF（2 级/3 级）规格材，用作民宅的楼板搁栅，搁栅间距以 400mm 排列，此时最大允许跨度是多少？

A. 3.63m　　　　　　B. 4.63m　　　　　　C. 5.12m　　　　　　D. 5.64m

　　5. 一组楼梯的总高度为 3.45m，共 18 个楼梯，每个台阶的单位高度和单位宽度是多少？

A. 181.6mm，200mm　　　　　　　　　B. 181.6mm，250mm

C. 191.7mm，200mm　　　　　　　　　D. 191.7mm，250mm

　　6. 外墙用 OSB 板作覆面板时的钉连接规范是什么？

A. 50mm 钉子，板边钉间距 100mm，板中钉间距 250mm

B. 50mm 钉子，板边钉间距 150mm，板中钉间距 300mm

C. 50mm 钉子，板边钉间距 300mm，板中钉间距 300mm

D. 60mm 钉子，板边钉间距 150mm，板中钉间距 250mm

7. 2 片 40mm×285mm 的 2 级 SPF 规格材组成的过梁，屋顶荷载 1kPa，支撑屋顶和一层楼板，建筑物宽度 12m，它的最大的跨度是多少？

    A. 1. 69m   B. 1. 85m   C. 1. 96m   D. 2. 15m

8. 已知墙体龙骨高度 2307mm，过梁为 40mm×285mm，窗开口高度为 1.2m，则短柱的高度是多少？

    A. 652mm   B. 692mm   C. 742mm   D. 2022mm

9. 为什么屋盖搁栅在建筑物宽度方向必须是连续的？

    A. 在安装顶棚板的石膏板时提供支撑   B. 防止墙体与椽条脱离

    C. 提供保温棉的安装空间   D. 抵抗侧向力

10. 40mm×140mm 的 2 级规格材做屋盖搁栅（带有限的阁楼空间），搁栅间距 300mm，屋盖搁栅最大许可跨度是多少？

    A. 3. 84m   B. 3. 98m   C. 4. 40m   D. 5. 05m

11. 以下哪种固定桁架的方法不可取？

    A. 将连接处放置了齿板的桁架通过滚压机

    B. 用液压机固定一侧齿板，然后再固定另外一侧

    C. 用钉锤将齿板钉入连接处

    D. 用液压机同时固定桁架两侧的齿板

12. 桁架端部的最小搁置长度是多少？

    A. 40mm   B. 50mm   C. 75mm   D. 90mm

13. 四坡屋面和双坡屋面的区别是什么？

    A. 屋面坡度的不同   B. 屋脊板的位置   C. 坡屋面数量   D. 屋脊的样式

14. 如果屋面坡度用比值来设定，是以下哪个比值？

    A. 高度：宽度   B. 宽度：高度   C. 高度：1m   D. 宽度：1m

15. 给定建筑物宽度 8m，屋面坡度 34°，通用椽条理论线长度是多少？

    A. 2666. 7mm   B. 3980mm   C. 4783. 4mm   D. 4825mm

16. 假定建筑物宽度为 8m，屋顶坡度 34°，2×6 的椽条，搁置长度为 90mm，使用"椽条计算器"确定椽条从墙顶到屋脊的垂直高度和水平长度各是多少？

    A. 168mm，2667mm   B. 108mm，2806mm

    C. 168mm，2835mm   D. 108mm，2667mm

17. 上题中，屋脊板是 40mm×185mm 的，墙体顶端到屋脊板顶端的高度是多少？

    A. 2761mm   B. 2775mm   C. 2793mm   D. 2835mm

18. 8m 宽建筑物，34°坡屋顶，屋脊板为 40mm×185mm，不包含悬挑长度，那么使用"椽条计算器"，屋脊椽条尺寸是多少？

    A. 5656. 9mm   B. 6235. 5mm   C. 6236mm   D. 7159. 4mm

19. 椽条尺寸和屋脊板尺寸之间的关系是什么？

    A. 屋脊板比椽条高 40mm   B. 屋脊板和椽条是相同尺寸的

    C. 没有关系   D. 屋脊板比椽条高 50mm

20. 8m 宽的建筑物，34°坡屋面，使用"椽条计算器"确认的脊椽角度是多少？

    A. 45°   B. 37°   C. 33. 7°   D. 25. 5°

附录1 复习题参考答案

教学单元2

1	D	2	B	3	C	4	A	5	C	6	C	7	A	8	D	9	C	10	C
11	C	12	C	13	A	14	A	15	B	16	A	17	B	18	D	19	B	20	C

教学单元3

1	C	2	D	3	D	4	A	5	B	6	B	7	B	8	D	9	A	10	B
11	B	12	A	13	D	14	D	15	B	16	C	17	B	18	C	19	B	20	B

教学单元4

1	D	2	B	3	C	4	C	5	A	6	C	7	D	8	B	9	D	10	D
11	A	12	C	13	B	14	A	15	D	16	C	17	C	18	D	19	B	20	B

教学单元5

1	C	2	D	3	C	4	A	5	B	6	A	7	A	8	A	9	C	10	A

教学单元6

1	C	2	D	3	A	4	A	5	B	6	B	7	C	8	D	9	B	10	C

教学单元7

1	B	2	C	3	C	4	B	5	D	6	B	7	C	8	C	9	B	10	A
11	C	12	D	13	C	14	A	15	D	16	B	17	C	18	C	19	D	20	D

152

附录2 加拿大木业协会简介

加拿大木业协会是由加拿大联邦政府、不列颠哥伦比亚省、魁北克省政府以及加拿大林产工业界共同出资组织的一家全球性非营利性机构。

加拿大木业协会在中国设有上海、北京和成都办事处；全球总部位于加拿大温哥华，并设有日本、韩国和欧洲办公室。我们致力于在中国推广加拿大软木和硬木产品及成熟的现代木结构建筑技术，帮助中国木制品和木结构行业茁壮成长。

此外，加拿大木业协会还与中国的相关政府部门密切合作，包括住房和城乡建设部及有关地区住房和城乡建设厅、河北省政府、公安消防局以及上海市建设和管理委员会等。加拿大木业协会还与中国林业科学研究院、同济大学等一些科研学术机构与院校进行科研方面的相关合作。

我们提供的服务：

一、培训

针对木结构行业从业人员如：建造商、设计师、工程师、开发商、建筑师等，为全脱产培训。课程分为两种：《现代轻型木结构施工入门培训》和《轻型木结构设计师培训》。课程由加拿大和中方木结构建筑专家授课。

二、技术支持

1. 设计咨询服务

这是加拿大木业协会的全新服务项目。对于使用加拿大木材设计的木结构工程项目。我们会根据每个项目的不同需求与情况，由我们专业的设计团队为您提供免费木结构建筑设计上的帮助。

2. 现场施工技术支持服务

我们为采用加拿大木材的轻型和重型木结构项目提供现场施工技术支持服务。加拿大木业协会拥有强大的施工技术团队，可以在您的工程现场为您提供解决各种工程技术难题的意见，并向您提供完整的现场报告，帮助施工单位找出问题、解决问题。

三、木结构建筑服务中心

加拿大木业协会为广大木结构爱好者和从业者提供木结构/产品的相关资料。资料内容包括协会最新动态讯息、木产品介绍、项目介绍和技术资料，例如:《施工指南》。

四、行业研讨会和展会

加拿大木业协会每年均会参与行业研讨会和展会，交流最新木结构技术，木产品信息，提高人们对于木结构/产品的认知度和接受度，推动中国木结构技术发展。

五、示范项目共享

加拿大木业协会现已在中国有多个木结构示范项目，采用加拿大轻型木结构技术以及加拿大进口规格材，既有商业建筑，也有民用建筑。例如：河北省建筑科技研发区、

153

成都青白江小学、平改坡项目等。

六、组织代表团赴海外考察

1. 开发商考察团

加拿大木业协会已连续数年组织国内的有关开发商、建造商赴加拿大与日本考察木结构建筑的发展情况。

2. 媒体考察团

行业媒体海外考察活动是加拿大木业协会主办，邀请以建筑、建材、房地产等相关行业媒体为主的媒体代表，包括平面媒体与电视媒体，赴加拿大或日本进行为期一周的现代木结构建筑项目实地考察活动。

七、推荐行业单位

我们为您提供在中国可信赖，质量可靠的木结构建造商和木材供应商名录。

官方网站：www.canadawood.cn

电话：上海：021-50301126；北京：010-59151255